"十四五"普通高等教育本科部委级规划教材

数字化设计

服装款式图

CorelDRAW

表现技法

吴训信 著

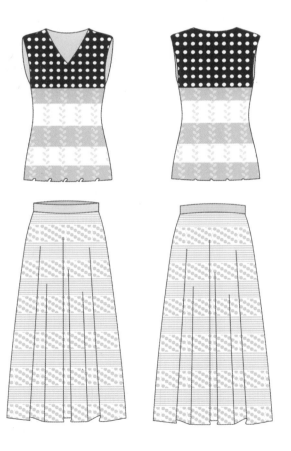

Digital Clothing Design

CorelDRAW

Performance Techniques

中国纺织出版社有限公司

内 容 提 要

根据 CorelDRAW 软件以及服装设计的特点，再结合院校服装设计专业课程设置，笔者在本书中对各章节内容进行了较为合理的编排和有针对性的讲述。第一章为 CorelDRAW 软件概述，第二章介绍服装设计基础知识，第三章讲解服装局部的设计与表现，第四章至第九章分别对应用 CorelDRAW 软件设计与表现女装、男装、毛织服装、运动装、礼服和亲子装的方法进行了有针对性的讲述。

本书既可以作为高等院校服装与服饰设计专业的教材，也可以为广大的服装设计专业人员以及爱好者提供参考。

图书在版编目（CIP）数据

数字化设计 ：服装款式图 CorelDRAW 表现技法 / 吴训信著 . -- 北京：中国纺织出版社有限公司，2024.1

"十四五"普通高等教育本科部委级规划教材

ISBN 978-7-5229-0938-7

Ⅰ . ①数… Ⅱ . ①吴… Ⅲ . ①服装设计－计算机辅助设计－图像处理软件－高等学校－教材 Ⅳ . ①TS941.26

中国国家版本馆 CIP 数据核字（2023）第 209355 号

SHUZIHUA SHEJI：FUZHUANG KUANSHITU CorelDRAW BIAOXIAN JIFA

责任编辑：李春奕 施 琦 责任校对：高 涵 责任印制：王艳丽

中国纺织出版社有限公司出版发行
地址：北京市朝阳区百子湾东里 A407 号楼 邮政编码：100124
销售电话：010—67004422 传真：010—87155801
http://www.c-textilep.com
中国纺织出版社天猫旗舰店
官方微博 http://weibo.com/2119887771
北京通天印刷有限责任公司印刷 各地新华书店经销
2024 年 1 月第 1 版第 1 次印刷
开本：889×1194 1/16 印张：9
字数：220 千字 定价：69.80 元

随着数字信息时代的到来，计算机辅助设计已成为行业普遍运用的服装设计手段，其重要性已无须赘言。作为全球知名、功能强大的设计绘图软件，CorelDRAW 成为当今服装设计行业不可缺少的制图辅助软件之一，特别是在绘制服装款式图方面，CorelDRAW 功能具有不可比拟的优越性，是服装设计专业学生必须要掌握的计算机辅助设计软件之一。

为提升学生的社会竞争力，强化"电脑款式图"课程的应用性，本教材面向市场需求和工作实践，以就业为导向，力求帮助学生在掌握 CorelDRAW 软件与服装设计必要的基本理论知识基础上，能熟练地对服装行业所涉及的产品种类进行绘制和创新设计。同时，为配合学校服装产业数字化创意设计应用技术创新中心建设，笔者依据多年讲授 CorelDRAW 课程教学实践的经验，把学生常见问题和学习要点进行了总结和梳理，结合行业的发展趋势，对此前已出版的《服装设计表现：CorelDRAW 表现技法》一书整体内容进行了调整，将学习内容分两个部分，对应两个阶段，从"学会"到"会学"，循序渐进地帮学生扎实掌握好软件应用基础知识和电脑绘图技能，并能够有效地链接就业。

一、"学会"

本阶段主要以 CorelDRAW 软件基本操作为主线，以服装作品作为案例，结合服装人体比例、行业特点、不同种类服装中的关键表现要素进行分类表现对比，介绍 CorelDRAW 软件辅助设计的基础知识和基本操作，使学生能够初步掌握 CorelDRAW 软件服装设计基本技能。

二、"会学"

本阶段以服装款式设计作为学习主线，结合实际服装设计案例，让学生跟随教学内容逐步熟练把握人体比例及服装款式，再按照服装款式的变化结合服装时尚因素，熟练利用 CorelDRAW 软件对服装进行数字化呈现，做到随心使用。

教材编制遵循软件技能学习和服装设计规律，注重由浅入深、简明生动地讲述基本技法，合理有序地引入相关知识，引导学生逐渐掌握用 CorelDRAW 软件进行服装基本款设计，帮助学生掌握软件学习的方法，使学生能够体会到熟练运用 CorelDRAW 软件进行数字化服装设计的乐趣，进一步激发他们对数字化服装设计的创意和热情。

本书在编写的过程中，得到了许多设计师、同事、朋友和学生们的支持，特别是陆丽丹、黎荣鹏、陈娥婷、陈佳楠、邓韵怡、张城瑜等设计师慷慨提供了优秀的设计作品，为本书增色不少；同时，本书也是广东省教育科学规划课题（高等教育专项）"数字化背景下岭南文化融入服装专业课程体系建设路径研究"（项目编号：2023GXJK789），广东女子职业技术学院"服装产业数字化创意设计应用技术创新中心"（项目编号：XTCXZX202304）和"校企孪生"服装专业产教融合实训基地建设推动下的成果。在此，我们对成书过程中给予帮助的相关机构和人员表示深深的感谢。作者在编写本书时力求严谨细致，但由于每个人的知识见解有一定的局限性，因此书中难免出现疏漏之处，恳请各位读者批评指正。

吴训信

2023 年 11 月

目 录 CONTENTS

第一章 CorelDRAW 概述

第一节 ｜ 关于 CorelDRAW ／ 2

第二节 ｜ CorelDRAW 与其他软件菜单栏的异同 ／ 2

第三节 ｜ 服装设计中 CorelDRAW 的常用工具 ／ 4

第四节 ｜ 服装设计中 CorelDRAW 的常用操作 ／ 11

第五节 ｜ 服装设计中 CorelDRAW 的常用面板 ／ 14

第二章 服装设计基础知识

第一节 ｜ 服装人体比例 ／ 22

第二节 ｜ 服装设计的步骤 ／ 24

第三章 服装局部的设计与表现

第一节 ｜ 领子的设计与表现 ／ 32

第二节 ｜ 口袋的设计与表现 ／ 35

第三节 ｜ 袖子的设计与表现 ／ 36

第四节 ｜ 腰头的设计与表现 ／ 37

第五节 ｜ 服装辅料的设计与表现 ／ 39

第四章 女装的设计与表现

第一节 ｜ V 领披肩上衣的设计与表现 ／ 42

第二节 ｜ 短款拼接女西服的设计与表现 ／ 44

第三节 ｜ 长款不对称女西服的设计与表现 ／ 47

第四节 ｜ 不对称直身长上衣的设计与表现 ／ 50

第五节 ｜ 压褶装饰长上衣的设计与表现 ／ 52

第六节 ｜ 拼接材质披风的设计与表现 ／ 55

第五章 男装的设计与表现

第一节 ｜ 中长上衣的设计与表现 ／ 58

第二节 ｜ 短款上衣的设计与表现 ／ 61

第三节 ｜ 摆边束身上衣的设计与表现 ／ 64

第四节 ｜ 男士夹克的设计与表现 ／ 67

第五节 ｜ 男士裤子的设计与表现 ／ 70

第六章 毛织的设计与表现

第一节 ｜ 长款毛织的设计与表现 ／ 74

第二节 ｜ 无袖长款毛织的设计与表现 / 76

第三节 ｜ 高领毛织的设计与表现 / 79

第四节 ｜ 翅膀毛织上衣的设计与表现 / 81

第五节 ｜ 无袖短款毛织上衣的设计与表现 / 84

第六节 ｜ 毛织裙子的设计与表现 / 85

第七节 ｜ 毛织裤子的设计与表现 / 87

第七章 运动装的设计与表现

第一节 ｜ 兜帽运动夹克的设计与表现 / 90

第二节 ｜ 兜帽无袖夹克的设计与表现 / 93

第三节 ｜ 长袖运动 T 恤的设计与表现 / 95

第四节 ｜ 立领插肩袖运动夹克的设计与表现 / 97

第五节 ｜ 插肩短袖 T 恤的设计与表现 / 99

第六节 ｜ 不对称拼接运动 T 恤的设计与表现 / 101

第七节 ｜ 侧边拼接运动裤的设计与表现 / 102

第八节 ｜ 几何拼接运动裤的设计与表现 / 104

第九节 ｜ 五分运动裤的设计与表现 / 105

第十节 ｜ 搭片式运动短裙的设计与表现 / 107

第八章 礼服的设计与表现

第一节 ｜ 露肩礼服的设计与表现 / 110

第二节 ｜ 长拖尾礼服的设计与表现 / 113

第三节 ｜ 收腰鱼尾礼服的设计与表现 / 116

第四节 ｜ 露背礼服的设计与表现 / 119

第九章 亲子装的设计与表现

第一节 ｜ 男童镶拼衬衣的设计与表现 / 124

第二节 ｜ 立领男式衬衣的设计与表现 / 126

第三节 ｜ 女童对襟上衣的设计与表现 / 127

第四节 ｜ 女式系带上衣的设计与表现 / 129

第五节 ｜ 女童马甲的设计与表现 / 130

第六节 ｜ 女童高腰连衣裙的设计与表现 / 132

第七节 ｜ 男童背带裤的设计与表现 / 133

第八节 ｜ 男式五分裤的设计与表现 / 135

参考文献

第一章

CorelDRAW 概述

随着服装行业和计算机数字技术的发展，服装设计和应用越来越离不开计算机。而手绘的传统服装设计工作模式，从灵感图的收集排版、款式图的绘制、效果图的呈现等，由于各种各样的条件限制，在绘制图形、变换色彩、更改款式等跟不上客户需求变换的节奏，慢慢地被计算机数字技术替代。在诸多计算机绘图软件中，CorelDRAW 软件功能强大，又简单易用，深受用户青睐。

第一节　|　关于CorelDRAW

CorelDRAW 是目前全球最受欢迎的矢量图设计软件工具之一，该软件由加拿大 Corel 公司推出（图1-1），它提供了强大的图像处理功能。在图形的绘制、图文的排版、文字的处理、位图的编辑、文件的转换等方面，该软件几乎无所不能。同时，它还支持外接近乎所有具备图像处理相关功能的设备，并且经过不断的完善，增加了与各种相关专业软件文件格式的兼容性。

在色彩方面，CorelDRAW 软件给设计者提供了各种各样的配色模板，颜色变化多样、层次丰富、转换快捷、渐变色彩平滑而自然。在图形的创新方面，CorelDRAW 软件有足够多的图形工具和图形转换功能，你能想到的图形，在 CorelDRAW 软件工具栏中都可以找到，或者利用工具栏中的图形母版便可以转换成你想要的图形。

图1-1　CorelDRAW软件

第二节　|　CorelDRAW 与其他软件菜单栏的异同

每套软件中都有与其他软件相同的地方，但又有自己的特点。在学习软件的过程中，找出不同软件之间的共性和个性，有利于我们在学习中有的放矢，从而使我们能更快、更好地掌握新软件。本章我们以 CorelDRAW 软件（图1-2），和大家比较熟悉的绘图软件 Photoshop（图1-3）、办公软件 Word（图1-4）进行对比分析。大家可以在平时学习中打开更多的软件进行对比分析，你会得出相同的结论。

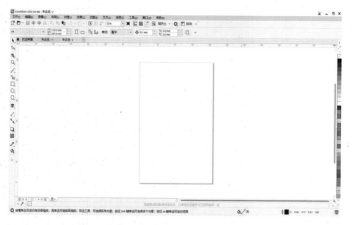

图1-2　CorelDRAW 2020软件的界面

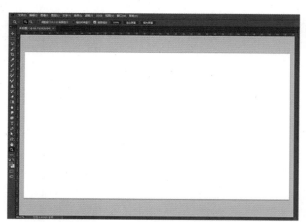

图1-3　Photoshop软件的界面

一、CorelDRAW与其他软件相同的菜单

每个软件的菜单栏上一般都有文件菜单、编辑菜单、视图菜单、窗口菜单、帮助菜单。这些菜单中的子菜单操作步骤基本上是相同的，只要你熟悉任何一款软件的操作，按照相同的方法就可以学习掌握另外一款软件的操作方法（图1-5）。

通过对比分析我们发现，在CorelDRAW的文件菜单中，新建、打开、保存、另存为、导入、导出等的用法

图1-4 Word软件的界面

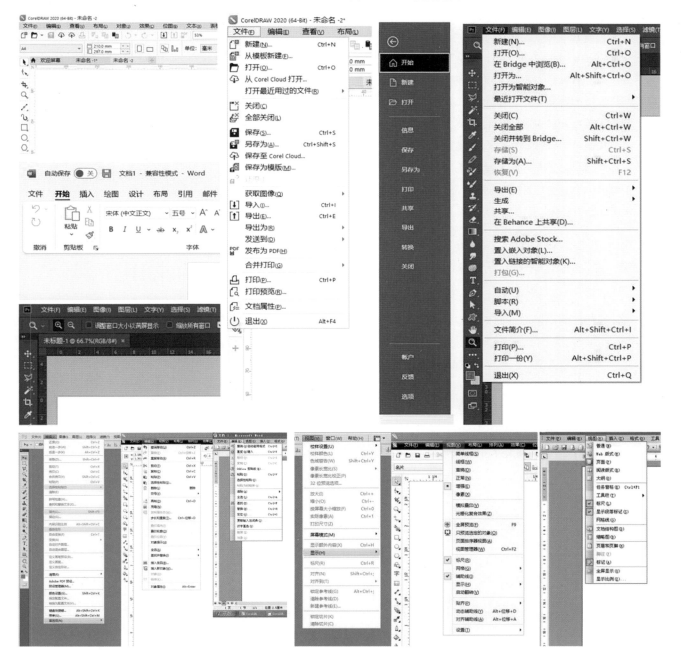

图1-5 不同软件的菜单栏

与其他软件是相同的；编辑菜单中的复制、粘贴、撤销、重做等的用法也与其他软件相同，尤其是编辑菜单中的再制（Ctrl+D）功能在实际操作中应用起来非常方便；查看菜单中基本上都是和标尺、辅助线、网格相关的操作，当你想找标尺或者想借助辅助线来绘图时，就可以在查看菜单中找到这些功能。但在查看菜单中，需要注意的是贴齐功能的使用。当你选中贴齐对象时，鼠标的操作会有些不够顺滑。因此，在感觉鼠标不好控制，并且不需要贴齐功能时，要在查看菜单中检查是否勾选上了贴齐对象功能，如果选上，可以把它取消，这样鼠标的操作就会顺滑了。

在窗口菜单的下拉子菜单中，主要是浮动面板，当你发现工具栏或者调色板等操作不在页面显示时，通过窗口菜单就可以将其找出来。而帮助菜单对于绘图操作没太大作用，此处不再赘述。

二、CorelDRAW不同于其他软件的菜单

CorelDRAW中，为了对多种对象进行有效编辑，分别有针对矢量图形编辑的布局菜单和排列菜单，针对位图编辑的位图菜单，针对文字段落编辑的文本菜单和针对表格编辑的表格菜单。此外，在工具菜单中，还有针对对象管理和颜色编辑的多种功能。CorelDRAW其他独具特色的菜单，在本书中会结合服装设计过程，对其功能进行详细介绍（图1-6）。

图1-6　CorelDRAW软件各项菜单

第三节　|　服装设计中 CorelDRAW 的常用工具

在学习任何的一款软件时，了解这款软件最为常用的工具，有利于我们在学习过程中合理地分配时间和精力。而对重点和难点进行详细分析，能够使我们更快更好地掌握这款软件。CorelDRAW的功能非常强大，我们在学习的过程中不可能面面俱到，因此结合实际情况，从服装设计的常用工具入手，了解其重点和难点，是相当必要的。

一、挑选工具

在使用CorelDRAW编辑图形的过程中，首先要选取对象才能展开后续操作。挑选工具主要用来选择对象，在工具栏中选择挑选工具，用挑选工具单击需要操作的对象，该对象即被选中（图1-7）。此外，挑选工具还能对图像进行简单的变形操作（图1-8~图1-12）。

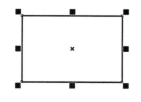

图1-7　选中的对象

图1-8　改变对象的外形
　　选中对象后，将鼠标放到对象的边缘，就可以改变对象的外形。

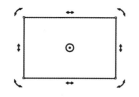

图1-9　旋转对象
　　选中挑选工具，双击对象，当四角的控制点变形后，就可以旋转对象。

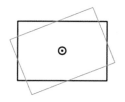

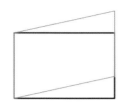

图1-10 倾斜对象

　　选中挑选工具，双击对象，将鼠标放到侧边的控制点上，鼠标变形后就可以将对象倾斜变形。

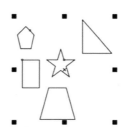

图1-11 选择多个对象

　　选中挑选工具，按住Shift键，再单击其他对象，就可以选择多个对象。

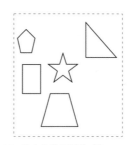

图1-12 拖曳框住所需的对象

　　选中挑选工具，拖曳框住所需的对象，被框住的对象会全被选中。

二、形状工具

　　形状工具（图1-13）是对图形进行编辑和修改的工具，一般与贝塞尔工具、矩形工具和椭圆形工具等结合使用，用于对所绘制出的路径或图形进行编辑和修改。在利用形状工具时，先在工具栏单击形状工具图标选择该工具，再选择已有路径或图形的调节节点，然后按住鼠标左键，通过拖曳调节节点之间的蓝色控制虚线的长度和角度，就可以改变曲线的方向和弯曲的程度，对节点调节完成后释放鼠标即可。注意，在工具属性栏上有断开曲线、连接两个节点、转换为曲线、转换为直线、平滑节点、对称节点、增加节点、减少节点等属性可以应用，在用形状工具选中节点后，用这些属性可以对路径和图形进行进一步操作（图1-14）。

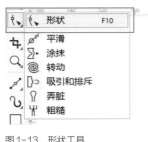

图1-13 形状工具

图1-14 形状工具属性栏

三、贝塞尔工具

　　贝塞尔工具（图1-15）是CorelDRAW服装设计中常用的工具之一，可以绘制优美平滑的曲线以及规则与不规则的各种各样的图形。

　　选中贝塞尔工具，用鼠标在页面上选择一点并单击可确定曲线的起始点，再选择另外一点单击，就可以绘制一条直线（图1-16）、折线（图1-17），按住Shift键可以绘制出垂直线、水平线或者45°的斜线（图1-18）。

图1-15 贝塞尔工具

图1-16 绘制直线

图1-17 绘制折线

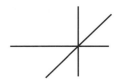

图1-18 绘制垂直线、水平线、45°斜线

　　用鼠标在页面上选择一点单击并拖曳，在节点两边就会出现一条蓝色的控制虚线，再选择另外一点单击并拖曳，就可以绘制出一条弧线（图1-19）。注意，在利用贝塞尔工具时，节点两边的控制虚线尽量不要出现下列情况（图1-20～图1-22），否则会引起线条不顺滑等问题。

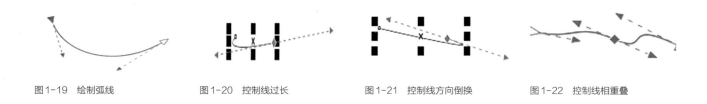

图1-19　绘制弧线　　　　　图1-20　控制线过长　　　　　图1-21　控制线方向倒换　　　　　图1-22　控制线相重叠

四、矩形工具

　　矩形是绘制服装款式时最常用的图形之一，通过矩形工具（图1-23）可以快速绘制出各种矩形。选中矩形工具，用鼠标在页面上拖曳就可以绘制出各种大小、宽窄的矩形（图1-24）。按住 Ctrl 键，可以以边为起点绘制出正方形；同时按住 Ctrl 键和 Shift 键，可以以中心点为起点绘制出正方形（图1-25）。

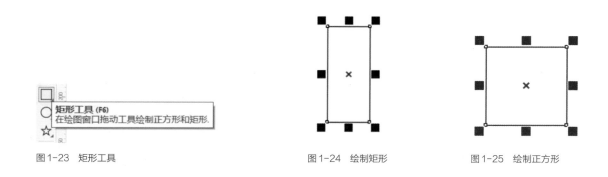

图1-23　矩形工具　　　　　　　　　图1-24　绘制矩形　　　　　　　　图1-25　绘制正方形

1.用挑选工具改变矩形的角

　　用挑选工具单击选中的矩形，在属性栏上输入数值就可以修改矩形的角，有圆角、扇形角和倒形角等选项可供选择（图1-26），输入的数值越大，角度也就越大，并且可以通过属性栏"锁"键的开与关来编辑矩形的任意一个角（图1-27）。

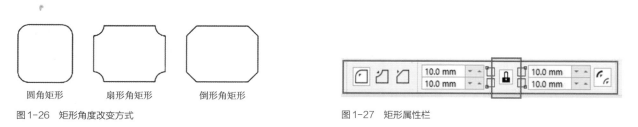

圆角矩形　　　扇形角矩形　　　倒形角矩形

图1-26　矩形角度改变方式　　　　　　　　　图1-27　矩形属性栏

2.将矩形转换成其他形状

　　当需要随意修改、变换矩形时，就必须先将矩形转换为曲线，有两种转换方法：一种是选中矩形后单击鼠标右键，然后执行"转换为曲线"命令（图1-28）；另一种是选中矩形，在属性栏上单击"转换为曲线"图标（图1-29）。转换完曲线之后的矩形就可以利用形状工具随意进行编辑（图1-30）。或是将矩形转换为曲线后，利用形状工具对准矩形的一个节点，双击鼠标左键删除该节点，就能快速得到一个三角形（图1-31）。

图1-29 属性栏"转换为曲线"图标

图1-28 "转换为曲线"命令

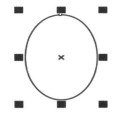

图1-30 变形的矩形形状 图1-31 三角形状

五、椭圆形工具

椭圆形也是绘制服装款式时最常用的图形之一，椭圆形工具（图1-32）的操作步骤和矩形工具相同。选中椭圆形工具后，用鼠标在页面上拖曳就可以绘制出各种椭圆形（图1-33）。按住Ctrl键可以以边为起点绘制出圆形；同时按住Ctrl键和Shift键，可以以中心点为起点绘制出正圆形（图1-34）。

图1-32 椭圆形工具

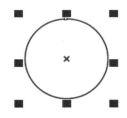

图1-33 绘制椭圆形 图1-34 绘制正圆形

1.用挑选工具改变椭圆形

用挑选工具单击选中的椭圆形，在圆形属性栏（图1-35）上可以选择圆形（图1-36）、饼形（图1-37）或者弧形（图1-38），改变其形状。

图1-35 圆形属性栏

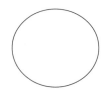

图1-36 选择圆形

2.将椭圆形转换为其他形状

需要随意修改、变换椭圆形时，必须先将椭圆形转换为曲线。方法和将矩形转换为曲线一样，选中椭圆形后单击右键，执行"转换为曲线"命令；或者选中椭圆形，在属性栏上单击"转换为曲线"图标（图1-39）。转换完曲线之后的椭圆形可以利用形状工具，选中椭圆形的任意一个节点，任意改变椭圆形的形状（图1-40）。

图1-37 选择饼形 图1-38 选择弧形

图1-39 转换为曲线

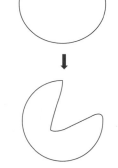

图1-40 椭圆形的改变

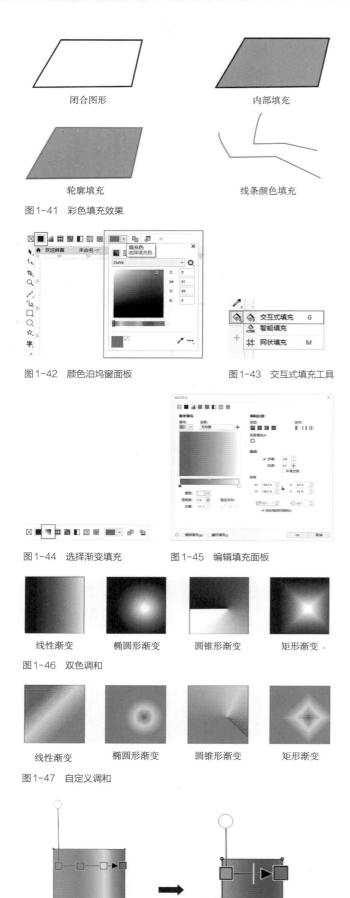

图1-41 彩色填充效果

图1-42 颜色泊坞窗面板　　　　图1-43 交互式填充工具

图1-44 选择渐变填充　　　　图1-45 编辑填充面板

图1-46 双色调和

线性渐变　　椭圆形渐变　　圆锥形渐变　　矩形渐变

图1-47 自定义调和

线性渐变　　椭圆形渐变　　圆锥形渐变　　矩形渐变

图1-48 渐变轴

六、填充工具

填充工具是CorelDRAW在服装设计中常用的工具之一，使用填充工具可以在对象中添加各种类型的填充，包括渐变填充、图样填充、底纹填充、PostScript填充、无填充和彩色填充等，这里主要介绍彩色填充和渐变填充。

1.彩色填充

如果想要在特定的区域中填充颜色，首先要选中闭合图形，再利用鼠标单击调色盘中的颜色就可以将所需的颜色填充到闭合路径中。按鼠标左键是填充对象的内部颜色（操作对象一定要闭合才能填充内部色彩），按鼠标右键是填充对象的外轮廓线或者其他线条颜色（图1-41）。

此外，选择交互式填充工具，选择"均匀填充/填充色"（图1-42），就能弹出颜色泊坞窗，选择所需的颜色后单击填充图形。或者执行"窗口/泊坞窗/颜色"命令，也可以弹出对话框进行内部色彩填充和轮廓色彩填充。

2.渐变填充

交互式填充工具（图1-43）主要有均匀填充、渐变填充、向量填充、位图填充、双色填充、底纹填充、PostScript填充等，而渐变填充（图1-44）是填充工具中主要的工具之一，对于处理运动装中的渐变效果非常有用。

（1）编辑渐变填充：选中一个闭合的图形，选择交互式填充工具，然后在属性栏中选择渐变填充工具，弹出渐变填充对话框，在对话框中设置好填充的参数，单击"确定"按钮就可以进行渐变填充。或者通过选择"编辑填充"，弹出"编辑填充"面板后设置参数（图1-45）。渐变填充的类型有四种，分别是线性填充、辐射填充、圆锥填充和正方形填充。

（2）自定义渐变形式：颜色调和有双色调和（图1-46）和自定义调和（图1-47）两种。先选中一个闭合的图形，再选择交互式填充工具，然后用鼠标在闭合的图形中拖曳就可以绘制出渐变效果，并且可以手动调整渐变的方向并随意改变颜色，同时对准渐变轴，用鼠标双击，可以自定义地减少或者增加自己想要的颜色（图1-48）。

注意，选中的节点是双框架，然后单击调色板上的一点，就可以填充自己想要的颜色；同时，对准渐变轴双击可以增加一个节点，对准节点双击，就能删除节点。

七、渐变填充和透明度填充对比

透明度工具与渐变工具的类型相同，但使用透明度工具时，闭合选区要先填充了颜色之后才能显现出效果，并且绘制出的图形可以透出底色（渐变工具就看不到底色），其他的操作方法两者一样。从图1-49和图1-50中可以看出使用透明度工具形成的透明渐变效果和使用渐变工具形成的不透明渐变效果的区别。

图1-49 透明渐变效果

图1-50 不透明渐变效果

八、调和工具

调和工具是将两个对象经过调和，平滑地组合在一起，在绘制时候通常须改变属性栏上的路径属性（图1-51）、步数和间距（图1-52）以及方式（图1-53）等去改变调和效果。学会使用调和工具会在CorelDRAW 中给服装设计带来意想不到的效果，在绘制设计图稿时有如虎添翼的感觉。

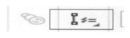

图1-51 路径属性

图1-52 步数和间距

图1-53 方式（线性、顺时针、逆时针）

步骤

（1）设置好两个对象（图1-54）。

（2）选中调和工具，单击其中一个对象，按住鼠标左键不动，将其拖动到另外一个对象内，得到调和效果（图1-55）。

（3）通过修改起始对象或者结束对象，就可以改变调和结果（图1-56）。

（4）利用贝塞尔工具绘制出路径（图1-57）。

（5）单击属性栏上的"路径属性"图标，执行"新路径"命令，将出现的黑色箭头指向绘制好的路径，使调和效果按照路径进行调和（图1-58）。

（6）单击鼠标右键打开快捷菜单，执行"拆分路径"命令，就可以将调和结果与路径相分离（图1-59）。

图1-54 设置好两个对象

图1-55 调和效果

图1-56 改变调和效果

图1-57 绘制路径

图1-58 路径调和效果

图1-59 调和与路径分离效果

九、变形工具

变形工具是对各种形状通过拖动鼠标的方式对对象进行调整变形，分别有推拉变形（图1-60）、拉链变形

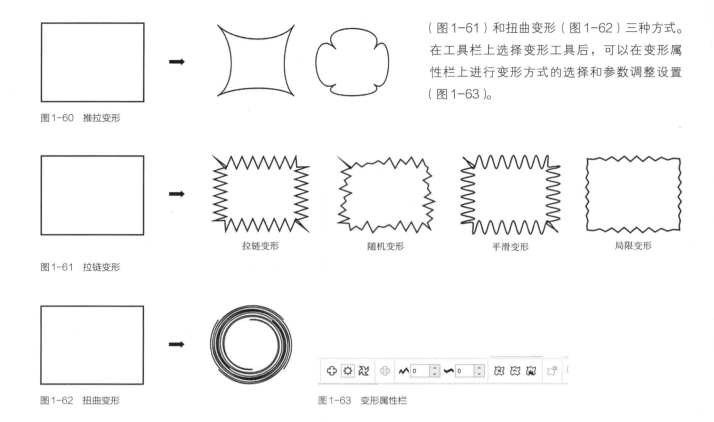

（图 1-61）和扭曲变形（图 1-62）三种方式。在工具栏上选择变形工具后，可以在变形属性栏上进行变形方式的选择和参数调整设置（图 1-63）。

图 1-60　推拉变形

拉链变形　　随机变形　　平滑变形　　局限变形

图 1-61　拉链变形

图 1-62　扭曲变形

图 1-63　变形属性栏

十、阴影工具

　　阴影工具是通过利用拖动鼠标的方式来绘制阴影，有外阴影（图 1-64）和内阴影（图 1-65）之分。在工具栏上选择了阴影工具后，可以在属性栏上进行阴影方式的选择和参数调整（图 1-66），并且可以通过单击鼠标右键打开快捷菜单，执行"拆分路径"命令，就可以将阴影效果相分离（图 1-67）。阴影主要有通过调整阴影不透明度改变阴影的深浅和通过阴影羽化来柔化或者锐化边缘两个关键点。

图 1-64　外阴影效果

图 1-65　内阴影效果

图 1-66　阴影属性栏

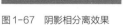

图 1-67　阴影相分离效果

第四节 │ 服装设计中 CorelDRAW 的常用操作

本小节所介绍的是在使用 CorelDRAW 软件进行服装设计和表现时经常使用的基本操作，这些操作以图形或路径为对象，与快捷键或快捷菜单相配合使用，可以达到快速编辑对象的目的。这些操作能够极大地提高工作效率，因此应该熟练掌握与应用。

一、复制与粘贴对象

选中对象，然后执行"编辑/复制""编辑/粘贴"命令，就可以在原图形上复制出一个完全相同的对象，也可以使用快捷键 Ctrl+C（复制）和快捷键 Ctrl+V（粘贴），这与其他软件里的复制与粘贴快捷键功能一样。但使用此复制方法，图形看上去似乎没有变化，但实际上是两个图形重叠在一起，用挑选工具进行拖曳，就能看出变化（图 1-68）。

在 CorelDRAW 中，还可以利用挑选工具选中对象，按住鼠标左键将对象拖曳到所需位置，然后单击右键再松开鼠标左键，就可以完成对象的复制。或先用挑选工具选择对象，按住鼠标右键将对象拖曳到所需位置，然后松开右键，就会弹出对话框，选择"复制"，也可以复制出另一个图形（图 1-69）。

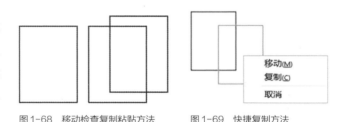

图 1-68　移动检查复制粘贴方法　　图 1-69　快捷复制方法

二、镜像复制对象

选中对象，将鼠标放在对象所在一边的中间控制点上，当鼠标变化后按住 Ctrl 键向另一边（反方向）拖动，当另一边出现对象的虚影时，就可以将对象进行镜像翻转。如果要将对象进行镜像复制，重复前面的操作，再单击右键，就可以镜像复制一个对象（图 1-70）。注意：选中对象时会出现九个控制点，选择侧边中间的控制点向另一边拖动就可以了，如果在按下右键前松开 Ctrl 键，对象就会变形。还可以通过属性栏上的"镜像"按钮来完成对象的镜像复制。操作步骤为在使用挑选工具选中对象后，复制对象，再单击属性栏上的"水平镜像"按钮或"垂直镜像"按钮即可（图 1-71）。此外，还可以通过"变换"泊坞窗中的"缩放和镜像"功能，来完成对象的镜像复制。

三、群组对象

群组就是把多个对象组合成一个整体来统一控制，被组合后的对象还保持原始属性。需对多个对象同时进行相同的操作时，进行群组后再操作会方便很多。选中两个以上的对象，执行"排列/群组"命令（快捷键 Ctrl+G），或在属性栏上找到"群组"的按钮也可以把对象群组在一起；如果需要取消群组，执行"排列/取消群组"命令（快捷键 Ctrl+U），或在属性栏上找到"取消群组"的按钮，则可以还原为多个对象（图 1-72）。

群组命令和合并命令（快捷键 Ctrl+L）如图 1-73 所

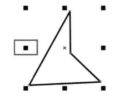

图 1-70　镜像复制对象

图 1-71　镜像属性栏

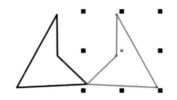

图 1-72　群组属性栏

图1-73　合并属性栏

图1-74　合并（两条路径合并后可以通过"连接两个节点"按钮变为一条路径）

图1-75　轮廓属性栏

图1-76　轮廓笔对话框

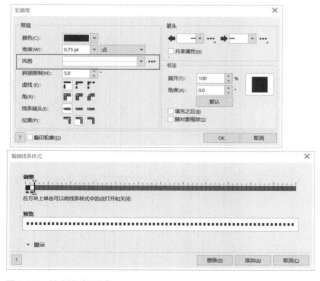

图1-77　轮廓笔"风格"

示在效果上有些相似，但是两者的结果完全不同。群组是把两个或多个对象组合成一个整体来进行统一操作，每个对象还是独立的个体。而合并是把两个或多个对象变成一个新的对象（图1-74）。合并形成的对象，可以通过执行"排列/打散"命令（快捷键Ctrl+K）来取消合并。

四、虚线的绘制

牛仔服、休闲服和运动服等的领口、袖口、下摆或袋口等处，都会大量使用明线。在服装设计中，起装饰作用或加固作用的明线通常用虚线来表示。虚线不代表服装结构，只是表示缉缝线，因此线条要比结构线弱一些。在使用CorelDRAW绘制虚线时，先要绘制出路径，可以直接通过轮廓属性栏上的设置调整虚线的样式（图1-75），或是在状态栏上选择轮廓笔工具，在弹出的轮廓笔对话框中（图1-76），选择"风格"来设置虚线的样式（图1-77），通过"宽度"可以调整虚线的粗细（图1-78）。

五、排列顺序

排列顺序指物体排列的前后、上下关系（执行"对象/顺序"命令）（图1-79）。在利用CorelDRAW进行服装设计时，对象排列顺序非常重要，可以按照顺序准确排位，也可以直接把物体放到指定的位置（置于此对象前/后）（图1-80）。

图1-78　各种虚线样式

图 1-79 顺序子菜单

图 1-80 物体排列顺序

六、图框精确剪裁

图框精确剪裁（执行"对象/PowerClip"命令）是把对象放进指定图框内部的操作。图框之内的对象被显示，图框之外的部分将被隐藏。而 PowerClip（图框精确裁剪）功能是 CorelDRAW 在服装设计中常用的操作之一，如填充面料、素材等，就需要使用此功能。熟练掌握此功能，可以弥补造型形状功能带来的不足，使设计和后期的修改更方便和快捷。

步骤

（1）绘制出一个闭合的图形（图 1-81）。

（2）导入图片（图 1-82）。

（3）执行"对象/PowerClip"命令，当鼠标的指示变为箭头之后，单击图框的边线，就可以将素材对象置于图框内部（图 1-83）。

（4）如果需要撤销完成后的效果，执行"对象/PowerClip/提取内容"命令，需要注意的是，提取内容后图形内部会出现带有"×"的图像（图 1-84）。

（5）如果需要删除框架，选中对象后，单击鼠标右键，执行"框类型/删除框架"命令，即可删除框架（图 1-85）。

执行"相交"命令（在后面会详细介绍）能够达到与执行"PowerClip（图框精确剪裁）"命令相似的效果，这两种操作虽然最后的结果看起来是一样的，但又有不同之处。利用相交功能执行"对象/造型/相交"命令时，两个对象必须相重叠才能操作，并且重叠的时候要注意对象的前后顺序才能进行，反之将无法操作成功；利用图框精确裁剪功能执行"对象/PowerClip"命令，两个对象不需要重叠也可以进行操作。利用相交功能时，两个对象中不重叠的部分会被破坏；而利用图框精确裁剪功能时，素材对象不会被破坏，还可以进一步进行编辑。

图 1-81 绘制闭合图形

图 1-82 导入图片

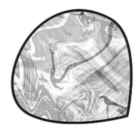

图 1-83 置于图框内

图 1-84 提取内容结果

图 1-85 删除框架结果

第五节 | 服装设计中 CorelDRAW 的常用面板

CorelDRAW 中的一些常用面板对于辅助我们编辑图形也非常有用，熟练地掌握这些面板功能，对于我们进行服装设计和编辑图形非常方便，这些面板可以在窗口菜单中找到。

一、形状面板

在用 CorelDRAW 进行服装设计的过程中，形状面板是相当重要的一个学习的面板，也是一个学习的难点（图 1-86）。当你熟练掌握了形状面板后，整本书中的案例就会变得很简单，操作速度也会变得更快。对于初学者来说，看着案例示范感觉很简单，但是当自己操作时，总会弄错，所以初学者一定要好好学习本章节内容。

图 1-86　形状面板

执行"窗口/泊坞窗/形状"命令（或者执行"对象/造形/形状"命令），打开形状面板。形状面板有七项功能，分别是焊接、修剪、相交、简化、移除后面对象、移除前面对象和边界。在这七项功能中，我们只要掌握前三项功能（焊接、修剪、相交），就已经能够满足我们在服装设计中的操作需求了。

1. 焊接

焊接能够将两个对象结合在一起，目标对象的颜色和轮廓与源对象一致。

步骤

（1）利用矩形工具拖曳绘制出两个矩形形状（图 1-87）。

（2）执行"窗口/泊坞窗/形状"命令，打开形状面板（或者执行"对象/造形/形状"命令也可以打开形状面板），选用图 1-87 的红色图形作为源对象，绿色图形作为目标对象，执行"焊接"命令（不勾选"保留原始源对象"和"保留原目标对象"），得到所示图形（图 1-88）。

（3）反之，选用图 1-87 的绿色图形作为源对象，红色图形作为目标对象，执行"焊接"命令（不勾选"保留原始源对象"和"保留原目标对象"），得到所示图形（图 1-89）。

（4）选用图 1-87 的红色图形作为源对象，绿色图形作为目标对象，执行"焊接"命令（勾选"保留原始源对象"，不勾选"保留原目标对象"），得到所示图形（图 1-90）。

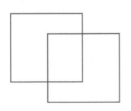

图 1-87　原图

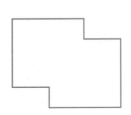

图 1-88　焊接效果一

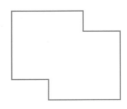

图 1-89　焊接效果二

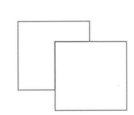

图 1-90　焊接效果三

（5）反之，选用图1-87的绿色图形作为源对象，红色图形作为目标对象，执行"焊接"命令（勾选"保留原始源对象"，不勾选"保留原目标对象"），得到所示图形（图1-91）。

（6）选用图1-87的红色图形作为源对象，绿色图形作为目标对象，执行"焊接"命令（不勾选"保留原始源对象"，勾选"保留原目标对象"），得到所示图形（图1-92）。

（7）反之，选用图1-87的绿色图形作为源对象，红色图形作为目标对象，执行"焊接"命令（不勾选"保留原始源对象"，勾选"保留原目标对象"），得到所示图形（图1-93）。

（8）选用图1-87的红色图形作为源对象，绿色图形作为目标对象，执行"焊接"命令（同时勾选"保留原始源对象"和"保留原目标对象"），得到所示图形（图1-94）。

（9）反之，选用图1-87的绿色图形作为源对象，红色图形作为目标对象，执行"焊接"命令（同时勾选"保留原始源对象"和"保留原目标对象"），得到所示图形（图1-95）。

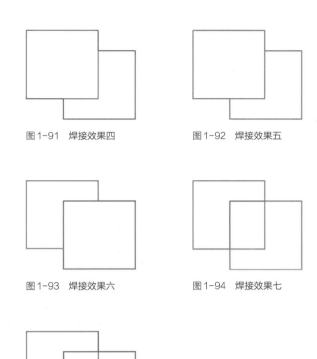

图1-91　焊接效果四　　　　图1-92　焊接效果五

图1-93　焊接效果六　　　　图1-94　焊接效果七

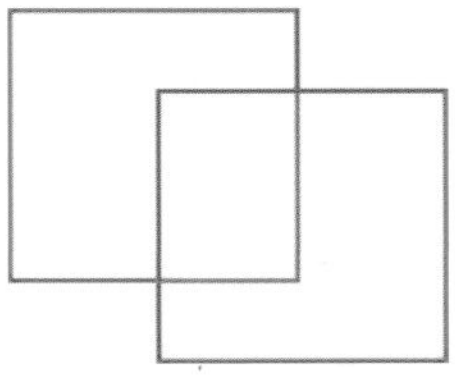

图1-95　焊接效果八

2.修剪

修剪是用一个对象剪去另一个对象，在不勾选"保留原始源对象"和"保留原目标对象"的情况下，保留原目标对象的颜色与轮廓。

步骤

（1）打开形状面板，选用前图1-87的红色图形作为源对象，绿色图形作为目标对象，执行"修剪"命令（不勾选"保留原始源对象"和"保留原目标对象"），得到所示图形（图1-96）。

（2）反之，选用图1-87中的绿色图形作为源对象，红色图形作为目标对象，执行"修剪"命令（不勾选"保留原始源对象"和"保留原目标对象"），得到所示图形（图1-97）。

（3）选用图1-87的红色图形作为源对象，绿色图形作为目标对象，执行"修剪"命令（勾选"保留原始源对象"，不勾选"保留原目标对象"），得到所示图形（图1-98）。

（4）反之，选用图1-87的绿色图形作为源对象，红色图形作为目标对象，执行"修剪"命令（勾选"保留原始源对象"，不勾选"保留原目标对象"），得到所示图形（图1-99）。

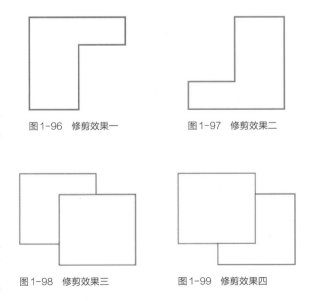

图1-96　修剪效果一　　　　图1-97　修剪效果二

图1-98　修剪效果三　　　　图1-99　修剪效果四

（5）选用图1-87的红色图形作为源对象，绿色图形作为目标对象，执行"修剪"命令（不勾选"保留原始源对象"，勾选"保留原目标对象"），得到所示图形（图1-100）。

（6）反之，选用图1-87的绿色图形作为源对象，红色图形作为目标对象，执行"修剪"命令（不勾选"保留原始源对象"，勾选"保留原目标对象"），得到所示图形（图1-101）。

（7）选用图1-87的红色图形作为源对象，绿色图形作为目标对象，执行"修剪"命令（同时勾选"保留原始源对象"和"保留原目标对象"），得到所示图形（图1-102）。

（8）反之，选用图1-87的绿色图形作为源对象，红色图形作为目标对象，执行"修剪"命令（同时勾选"保留原始源对象"和"保留原目标对象"），得到所示图形（图1-103）。

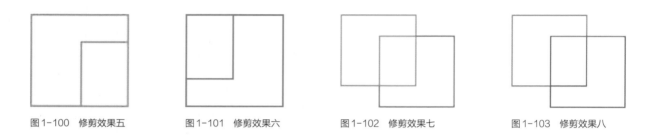

图1-100　修剪效果五　　　图1-101　修剪效果六　　　图1-102　修剪效果七　　　图1-103　修剪效果八

3.相交

相交是在两个对象（或多个对象）的公共区域形成一个新的图形。在不勾选"保留原始源对象"和"保留原目标对象"的情况下，保留原目标对象的颜色与轮廓。

步骤

（1）打开形状面板，选用前图1-87的红色图形作为源对象，绿色图形作为目标对象，执行"相交"命令（不勾选"保留原始源对象"和"保留原目标对象"），得到所示图形（图1-104）。

（2）反之，选用图1-87的绿色图形作为源对象，红色图形作为目标对象，执行"相交"命令（不勾选"保留原始源对象"和"保留原目标对象"），得到所示图形（图1-105）。

（3）选用图1-87的红色图形作为源对象，绿色图形作为目标对象，执行"相交"命令（勾选"保留原始源对象"，不勾选"保留原目标对象"），得到所示图形（图1-106）。

（4）反之，选用图1-87的绿色图形作为源对象，红色图形作为目标对象，执行"相交"命令（勾选"保留原始源对象"，不勾选"保留原目标对象"），得到所示图形（图1-107）。

（5）选用图1-87的红色图形作为源对象，绿色图形作为目标对象，执行"相交"命令（不勾选"保留原始源对象"，勾选"保留原目标对象"），得到所需图形（图1-108）。

（6）反之，选用图1-87的绿色图形作为源对象，红色图形作为目标对象，执行"相交"命令（不勾选"保留原始源对象"，勾选"保留原目标对象"），得到所需图形（图1-109）。

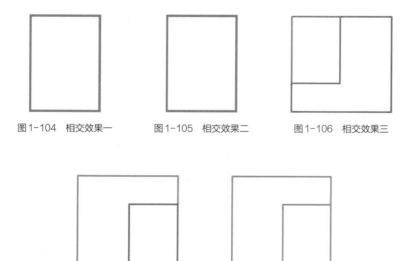

图1-104　相交效果一　　　图1-105　相交效果二　　　图1-106　相交效果三

图1-107　相交效果四　　　图1-108　相交效果五

（7）选用图1-87的红色图形作为源对象，绿色图形作为目标对象，执行"相交"命令（同时勾选"保留原始源对象"和"保留原目标对象"），得到所需图形（图1-110）。

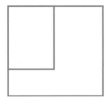

图1-109　相交效果六

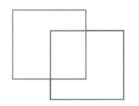

图1-110　相交效果七

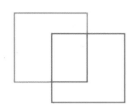

图1-111　相交效果八

（8）反之，选用图1-87的绿色图形作为源对象，红色图形作为目标对象，执行"相交"命令（同时勾选"保留原始源对象"和"保留原目标对象"），得到所需图形（图1-111）。

二、造形面板使用的分析总结

当两个图形的设置（颜色和轮廓）不同时，通过造形面板进行操作后，新对象的颜色或轮廓变为目标对象的颜色或轮廓（图1-112~图1-115）。

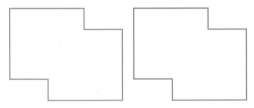

图1-112　焊接对比
　　执行"焊接"命令时，无论选择哪个对象作为源对象或者目标对象，得出的图形外轮廓没有区别。

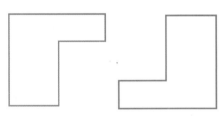

图1-113　修剪对比
　　执行"修剪"命令时，无论选择哪个对象作为源对象或者目标对象，得出的图形外轮廓会发生变化，相重叠位置的图形被修剪掉。所以在操作的时候就要注意源对象的选择。

图1-114　相交对比
　　执行"相交"命令时，无论选择哪个对象作为源对象或者目标对象，得出的图形外轮廓没有区别，重叠位置的图形被保留。

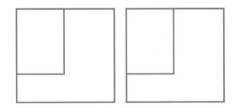

图1-115　综合对比
　　当执行"修剪"命令（不勾选"保留原始源对象"，勾选"保留原目标对象"）时，与执行"相交"命令（不勾选"保留原始源对象"，勾选"保留原目标对象"），得出的图形结果看起来是相同的，但实际是不同的，后面会进行详细介绍。

三、造形面板使用的重点与难点

1.重点

在操作时，初学者经常不知道应该选择形状的哪种功能来处理图形，其实只需要记住以下三个关键点：

（1）需要保留两个对象的外轮廓时，选择焊接功能（图1-116）。

（2）不需要重叠的部分，应该选择修剪功能（图1-117、图1-118）。当执行"修剪"命令时，将需要保留外轮廓线的图形作为源对象。

（3）需要有重叠的部分，选择相交功能（图1-119）。

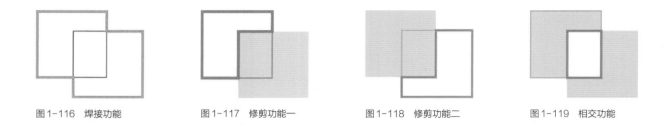

图1-116　焊接功能　　　　图1-117　修剪功能一　　　　图1-118　修剪功能二　　　　图1-119　相交功能

2.难点

在使用形状面板的时候，有以下三个地方容易出错：

（1）目标对象选错：尤其是当图形没有填上颜色，图形轮廓的颜色相同并且不止两个图形相重叠的时候（图1-120），很难去判断图形的前后顺序。所以在执行形状面板上的功能时，就容易选错对象，导致操作结果有误。

解决的方法：把图形填上不同的颜色，填色后，就很容易区分和判断图形的前后顺序了（图1-121）。

（2）不知道操作命令是否被执行：同时勾选"保留原始源对象"和"保留原目标对象"，操作完成后所有的图形看起来没有变化，无法判断是否已经进行了操作（图1-122）。

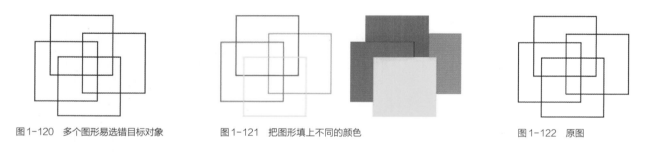

图1-120　多个图形易选错目标对象　　　　图1-121　把图形填上不同的颜色　　　　图1-122　原图

解决的方法：在无法确定是否已经执行形状命令的情况下，用鼠标移动对象。如果有变化，那就是已经执行了操作命令，反之操作就没有执行（图1-123）。

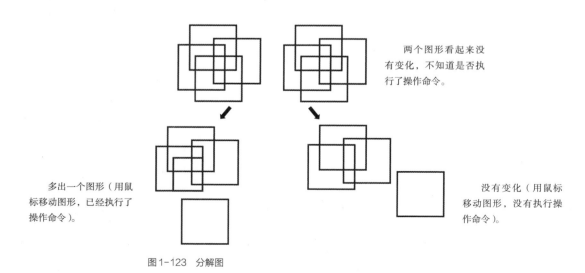

两个图形看起来没有变化，不知道是否执行了操作命令。

多出一个图形（用鼠标移动图形，已经执行了操作命令）。

没有变化（用鼠标移动图形，没有执行操作命令）。

图1-123　分解图

（3）弄错命令：有时候，通过勾选"保留原始源对象"或"保留原目标对象"，在执行了不同的命令后，会呈现出相同的结果，但只有其中一种命令是正确的，此时可以进行如下操作来判断：

①执行"修剪"命令（不勾选"保留原始源对象"，勾选"保留目标对象"）与执行"相交"命令（不勾选"保留原始源对象"，勾选"保留原目标对象"）的结果，得到的图形看起来是相同的（图1-124）。通过把图形移动，就可以发现两者不同，从而就很容易判断出哪个是执行了"修剪"命令，哪个是执行了"相交"命令（图1-125）。

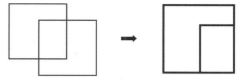

图1-124　执行"修剪"或"相交"命令后效果

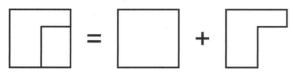

"修剪"移动后，是一个完整矩形和一个缺角矩形相加

图1-125　"修剪"与"相交"的区别方式

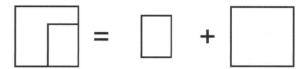

"相交"移动后，是一个小矩形和一个大矩形相加

②执行"焊接"命令（勾选"保留原始源对象"，不勾选"保留原目标对象"）与执行"修剪"命令（勾选"保留原始源对象"，不勾选"保留原目标对象"）的结果，得出的图形看起来是相同的（图1-126）。同样通过把图形移动，就可以发现哪个是执行了"焊接"命令，哪个是执行了"修剪"命令（图1-127）。

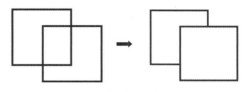

图1-126　执行"焊接"或"修剪"命令后效果

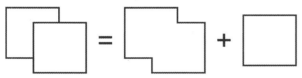

"焊接"移动后，是两个图形的外轮廓和一个矩形相加

图1-127　"焊接"与"修剪"的区别方式

"修剪"移动后，是一个缺角矩形和一个矩形相加

四、对齐与分布面板

在CoreIDRAW中，如果同时选中多个对象，在属性栏上就会弹出"对齐与分布"按钮（图1-128），单击该按钮就能弹出对齐与分布面板（或执行"对象/对齐与分布"命令）（图1-129）。使用该面板，能够迅速将多个对象按照不同标准排列得整齐而有序（图1-130）。在表

图1-128　对齐与分布属性栏

图1-129　对齐与分布面板

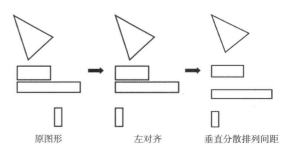

原图形　　　　左对齐　　　垂直分散排列间距

图1-130　对齐与分布效果

现服装款式时，往往一些小的部件需要使用该功能，如纽扣、口袋等。

五、变换面板

变换面板是为了使用 CoreIDRAW 在服装设计时，进行标准化制图，能有效提高制图的工作效率。执行"窗口/泊坞窗/变换"命令（Alt+F7），打开变换面板（图1-131）。变换面板有五项功能，分别是位置、旋转、缩放和镜像、大小以及倾斜。前面我们提过 Ctrl+D 组合键，实际上就是操作变换的快捷键。选中图形后，移动复制一个该图形，然后按 Ctrl+D 键就可以快速复制，得到与"变换"命令相同的图形。

1."位置"功能

执行"窗口/泊坞窗/变换"命令，弹出变换面板，选择"位置"功能。选择需要移动的图形，通过在 X 坐标或 Y 坐标中输入数值，单击应用按钮，就可以根据自己需要的数值移动对象。

例如：选中图形，在位置面板的 X 坐标和 Y 坐标的位置上分别输入"5mm"，再单击应用按钮（不需要勾选"相对位置"，副本设置为"0"），图形就会快速移动到页面你所需的位置上。当勾选了"相对位置"，图形就会以现有的位置作为起始点而进行移动。相对位置下面有九个正方形标示出的位置。用鼠标勾选右中选项，在 X 坐标输入"5mm"，Y 坐标输入"0mm"，单击应用按钮，图形就相对于现有的位置水平向右移动5mm；如果用鼠标勾选中下，在 X 坐标里面输入"0mm"，Y 坐标输入"5mm"，单击应用按钮，图形就相对于现有的位置垂直向下移动5mm。当在副本中输入"1"时，图形就根据你的设置自动复制一个图形，当输入"7"时，图形就会按照你输入的每个图形间的距离复制7个图形（注：X 和 Y 的值指的是距离，副本的值指的是数量）（图1-132）。

图1-131 变换面板

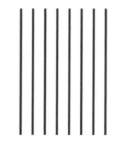

图1-132 "位置"功能应用效果

2.旋转功能

先选中对象，执行"窗口/泊坞窗/变换"命令，弹出变换面板，选择"旋转"功能。选择需要变换的图形，在旋转角度里输入数值，单击应用按钮，就可以按照自己需要的数值旋转对象。另外可以勾选"相对中心"，选择中心点坐标来旋转（图1-133），或者选择右下坐标旋转（图1-134）。也可以不勾选"相对中心"，将图形的中心点移出图形之外来进行旋转（图1-135）。

图1-133 旋转效果一

图1-134 旋转效果二

图1-135 旋转效果三

小结　　本章主要是将 CoreIDRAW 软件与其他软件进行对比，总结出操作 CoreIDRAW 软件的方法，同时对 CoreIDRAW 软件常用的工具、常用功能做了介绍，特别是对绘制服装设计款式图重要的面板——造形面板，做了非常详细和系统的介绍和总结，熟练掌握 CoreIDRAW 的造形面板的操作，会在服装设计过程中更得心应手。

第二章

服装设计基础知识

在学习用CorelDRAW设计和表现服装之前，我们需要先了解服装设计的一些基础知识，这样学习起来目标会更加明确，在绘图的时候才能做到有的放矢。

第一节 | 服装人体比例

人体是服装的重要载体，在服装设计绘图中，人体比例是非常重要的一个环节，普通的男性人体头与身高的比例是1∶8、女性人体头与身高的比例是1∶7.5。但是在服装设计绘图中，为了体现服装美，一般把人体特别是腿部适当地夸张拉长，使之按照1∶9（图2-1）或者1∶10等的比例来绘制。

一、男女模特人体关键节点比例

在服装设计绘图中，对于掌握模特的人体关键节点，是把握绘制好服装的一个重点，也是控制服装比例的关键点。一般情况下，无论绘制人体比例是按照8个头，还是按照9个头（图2-2）或者10个头来绘制，人体上身的比例基本都是4个头的比例，遵循此原则对于我们绘制上身服装比例就非常方便。

从图上可以看出，男模的肩宽比2个头宽一点，手臂和肩相接的位置在八分之一头的位置左右；女模的肩宽比1.5个头宽一点，手臂和肩相接的位置比四分之一头的位置大一点。

二、控制好人体比例的方法

1.常用方法

利用计算机绘图比用纸笔绘图方便得多，并且对于初学者来说，在绘制图形时，为了能很好地控制图形比例，一般的做法是建立一个图层，把模特比例图或者模特人台图放在最底图层作为参考，绘制完成款式图后再删除模特比例图即可（图2-3）。

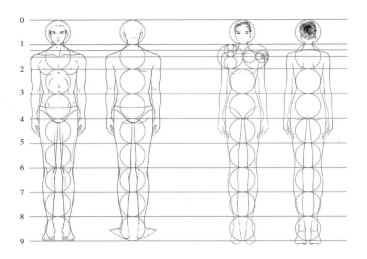

图2-1 1∶9人体比例

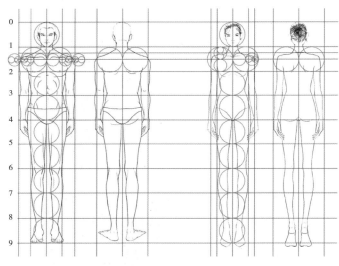

图2-2 1∶9人体比例关键节点

2.创新方法

由于在日常工作中，不可能一直携带着人体比例或者模特人台比例的图片，并且在绘制款式图的时候把人体比例图片放在底层作背景来绘制设计图，总给人技术不熟练之感。所以在没有人体比例图的情况下，怎样根据CorelDRAW的特点，方便快捷地绘制出款式图？下面介绍一些设计师独特的绘制方法，这样可以方便快捷地绘制出标准比例的服装款式图。

图2-3 从人体参考图到服装款式图

步骤

（1）先绘制出1个圆形，以1个圆形代表1个头的方法，接着再按照上身4个头的原理绘制出3圆形和5圆形（图2-4）。

（2）按照圆形所占的人体比例节点，把所绘制出来的圆形"锁定"（选定所有的圆形，选择"对象/锁定"菜单，这样圆形就不会影响后面的图形绘制），再在绘制出来的圆上进行服装款式图绘制（图2-5）。

（3）删除作为参考图的圆形，得到所需的服装款式效果图（图2-6）。

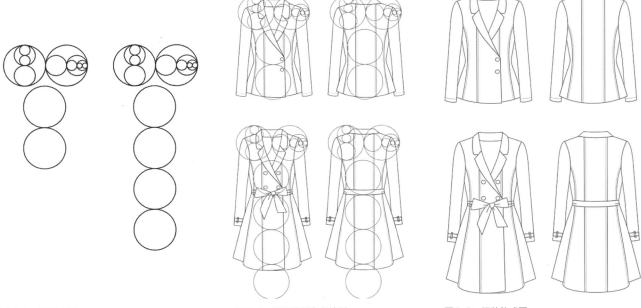

图2-4 圆形比例　　　　　图2-5 圆形比例参考绘制　　　　图2-6 服装款式图

第二节 | 服装设计的步骤

服装设计看似单纯，但其涉及的领域包含美学、文学、艺术、历史、哲学、宗教、心理学以及人体工学等社会科学和自然科学。作为一门综合性的艺术，服装设计既需要设计师具备丰富的想象力，又需要设计师有科学的逻辑思维。掌握一定的设计流程规律，能够帮助设计师有效地展开工作，提高工作效率。

一、寻找灵感来源

灵感来源是设计创新的一个重要过程，是每位设计师进行创作必不可少的环节。同一设计师不同的设计作品，其灵感来源是不同的；而不同的设计师，采用同一灵感来源，设计出的作品也可能完全不同。在我们的周围，灵感无处不在。一次旅行，一个熟悉的人，一个特殊的地方，一次难忘的经历，对某种事物的感情，大自然中的造型、肌理、色彩，或来自其他姊妹艺术的启发，甚至可能是一种味道、声音等，都可能激发设计师的创作热情。设计师需要保持高度的敏感状态，不停地吸收这个世界的各种微妙暗示，然后进行分析，提取与设计任务相关联的灵感，将它巧妙地和设计师的设计理念以及设计任务融合在一起，才能创造出新作品，满足消费者不断改变的品位。下面介绍一些设计师经常获得灵感来源的途径。

1. 自然界

大自然千姿百态，为设计师采集设计资料提供了多姿多彩、绚丽缤纷的灵感资源。设计师可以通过探寻鸟类或昆虫翅膀的肌理来获取灵感；可以从发现树干、鳄鱼的表皮图案来获取灵感；可以通过热带雨林、高山流水的壮美景观来获取灵感；还可以通过自然界中不同物种的形态和姿态来获取灵感（图2-7）。我们提取这些元素，按照一定的设计方法将其放大、缩小、强调或变形，转化用于服装中，就可以设计出一件优秀的作品。

图2-7　多姿多彩的大自然

2. 姊妹艺术

艺术是相通的，例如绘画、舞蹈、音乐、电影、雕塑、建筑、折纸艺术（图2-8）等，它们之间有着内在的联系，存在着共性，它们虽然形成了不同的艺术风格特征，但都是对美的追求。不同的艺术形式又有不同的表达方式，服装设计作为众多艺术形式中的一种，既有其独特的表现形式，又要吸取其他艺术形式的长处，有助于设计师更好地诠释

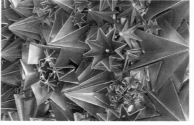

图2-8　折纸艺术

设计理念，提高艺术修养和设计创新能力，丰富想象力，进一步激发设计师的艺术创作灵感。

3. 旅行

艺术源于生活，高于生活，又反哺生活，作为一名设计师，很重要的一点是要不断地以敏锐的眼光去探寻和发现周围的世界，而旅行可以近距离接触生活，可以充实一个人的思想，开阔一个人的视野。一些大型服装公司有时在新季产品开发之前会把设计团队送到国外去采风，收集古董、面料小样，用照片或绘画的形式感受和记录异国的风土人情。现在很多服装专业院校也会组织学生采风，如去少数民族聚居地区挖掘民族民间传统艺术，如苗族的苗年节、壮族的三月三和傣族的泼水节等。在这种盛大的节日场合能看到少数民族盛装的华丽服饰面料（图2-9），精美的刺绣、扎染（图2-10），精致的服装廓型，独特的结构和工艺以及富有特色的配饰装饰形式。在旅行中的所见所闻，都可以转化为现代时装设计的信息资料，能让时尚的地域风情融入我们的生活，赋予时装全新的生命力。

4. 街头文化和青年文化

时尚的传播是阶梯式的，最初是按照社会阶层从上流社会传播到街头大众阶层。然而到了现当代，起源于街头的时尚又反过来影响着服装设计的潮流文化。时尚不再是最初高高在上、自上而下的追逐，也没有了高级时尚和街头时尚的贵贱之分，街头成为新的时尚舞台。设计师们纷纷走向街头，用眼睛慢慢发现代表一个城市的野性魅力，如街头

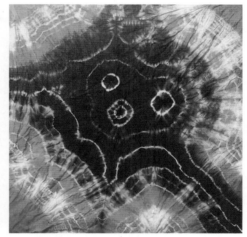

图2-9 面料小样　　　　　　　　　　图2-10 扎染

青年张扬的个性，涂鸦（图2-11）等街头艺术以及当代建筑所折射出的城市独有的面貌等，这些光怪陆离的街头文化成为时装设计师们灵感产生的源泉。

图2-11 涂鸦

二、绘制设计草图

　　绘制设计草图（图2-12）是将设计者的抽象思维、理念、计划转化成具象图形的徒手绘画的形式。设计师在设计的前期阶段构思还不够清晰，或者只有一个大致的方向，包含了许多变化的可能性，因此绘制设计草图是设计过程中非常重要的步骤，它使设计者的思维更加灵活，创意灵感层出不穷，通过不断推敲、深入，设计作品也会越来越完善。绘制设计草图也是设计者搜集设计素材很好的方式，设计师应该走在时尚的前沿，拥有敏锐的时尚嗅觉。出门旅行、上班途中或逛街时，设计者可以把观察到的喜欢的元素及瞬间迸发的灵感快速记录下来，日后随时翻看、随时分析，日积月累，头脑中的灵感、设计元素、廓型、细节等积累得越来越丰富，用不了多久，就会从这些草图中收获越来越棒的设计成果。

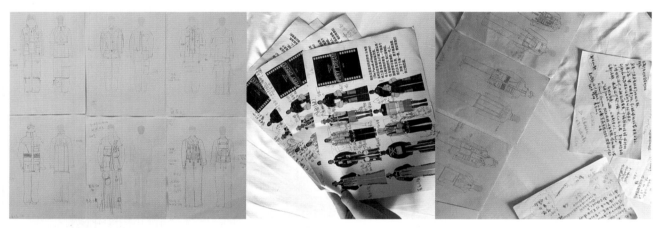

图2-12　设计草图

三、绘制款式图

　　服装款式图是对服装效果图的进一步的明确表达。它是一种只绘制服装不绘制人体的设计图，需要清晰表现出服装平展的原型，而不需要表现服装因人体活动所产生的透视效果。绘制服装款式图要求比例准确、结构清晰、画面规整和线条明确，使服装打板师和工艺师都能一目了然。服装款式图在服装企业的产品生产过程中起着非常重要的作用，因为打板师和样衣师是按图打板，如果款式图不能非常准确、清晰地表达款式和工艺（如服装的袖形、领形、省道、分割线、口袋的位置、拉链、纽扣颗数和线迹宽窄等），打板师就无法理解设计师的设计理念和工艺细节，最终会影响后期的大货生产，还会增加成本。所以熟练掌握款式图的绘制是每个设计师必须具备的技能。款式图的绘制方法有两种——手绘和电脑绘制，手绘与电脑绘制的手段不同但目的相同。随着近几年计算机技术的发展和时尚行业的快速更新，电脑绘图具有便于复制、数据准确、保存方便、操作简单等特点，被越来越广泛地应用。而设计师熟练掌握电脑绘图软件，便可以充分发挥其效率高的优势，从而能更迅捷地绘制服装款式图（图2-13～图2-16）。作为一位优秀的设计师，除了能熟练使用电脑绘图软件外，同时还应该具备手绘能力，手绘是电脑绘制的基础，手绘的过程是激发设计师灵感、快速表达设计师的思路和理念的过程。

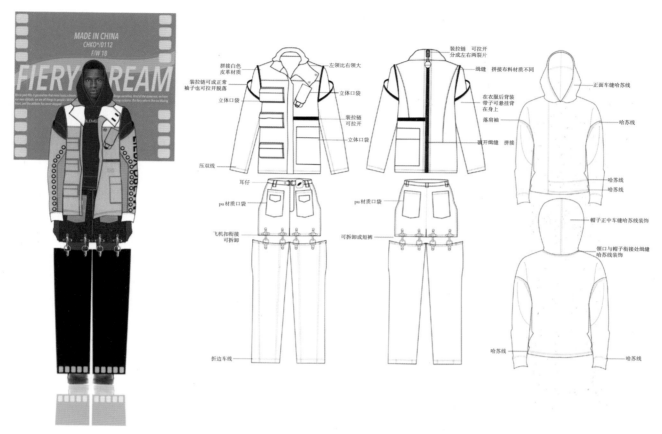

图2-13 款式图一

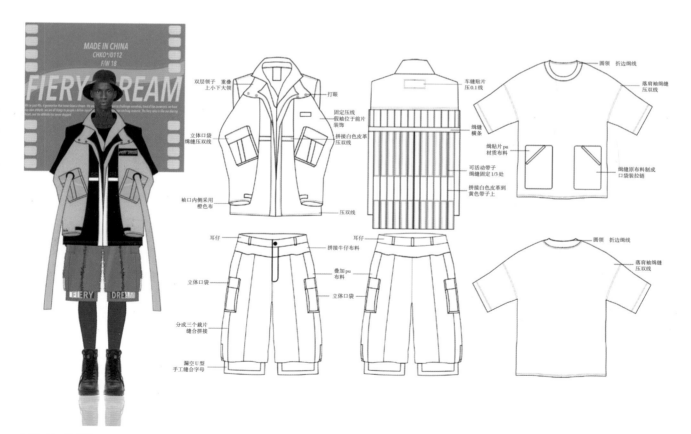

图2-14 款式图二

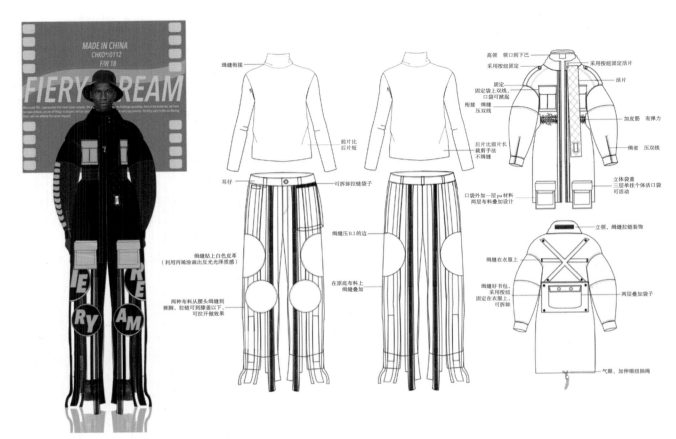

图 2-15 款式图三

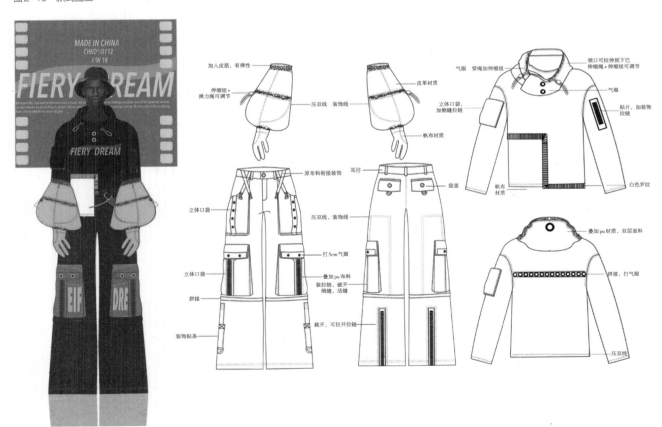

图 2-16 款式图四

四、成衣制作

　　成衣制作是通过高超的工艺技术将服装设计从二维平面图形转化为三维实物的过程，它强调动手能力和制作技能（图2-17）。前期的服装款式设计是成衣制作的先导，服装结构制图是对服装款式造型设计的重新诠释和表达，成为后期成衣制作的重要依据（图2-18）。

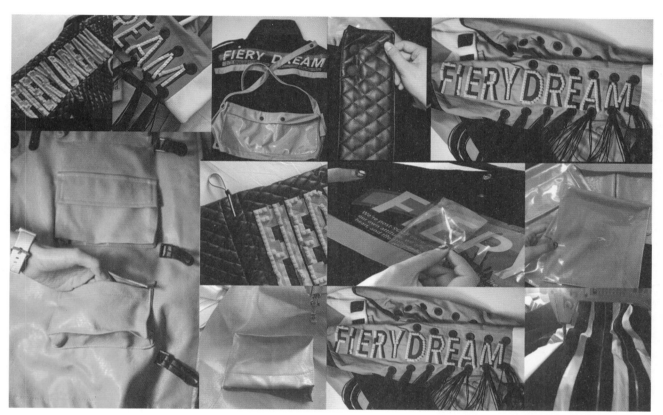

图2-17　成衣制作过程

图2-18　成衣展示

　　万丈高楼平地起，要学好服装设计，我们首先要掌握服装的基础知识，并且懂得通过基础知识来转化思维和方法。本章从服装绘画的一个重要环节——人体比例开始，讲述人体关键节点具体比例、在数字化背景下运用圆形来控制服装款式图的人体形态比例的创新方法；到从寻找灵感来源，绘制设计草图，绘制款式图和进行成衣制作四个步骤来详细介绍服装设计学习的层次递进关系，让同学们在学习服装设计的过程中，循序渐进地掌握基本技巧和方法。

第三章

服装局部的设计与表现

现代服装设计除了通过改变服装款式的面料和色彩来改变服装的外观之外，另一个主要的方法是通过改变服装的局部来改变服装的样式。服装的局部包括领子、袖子、口袋、腰头等组成部件和纽扣、拉链等辅料。不同的局部具有不同的功能，服装的各局部与服装的主体构成了服装的完整造型。在进行设计时，要结合服装整体的造型与结构，选择和利用合适的局部进行搭配，才有可能呈现出服装的整体风格。

<h1 align="center">第一节 | 领子的设计与表现</h1>

领子是服装整体不可缺少的一部分，是服装款式变化的重要部位。领子的分类多种多样，有立领、驳领、圆领、V领等。有时候，领子甚至决定着服装的风格，例如立领就是中国风服装的一个主要构成元素。

一、西装领的设计与表现

步骤

（1）利用矩形工具绘制出矩形形状，然后转换为曲线。

（2）利用形状工具增加节点，调整节点得到所需图形。

（3）执行"窗口/泊坞窗/造形"命令，打开造形面板，选用步骤（2）的红色图形作为来源对象，蓝色图形作为目标对象，执行"修剪"命令（勾选"保留原始源对象"，不勾选"保留原目标对象"），得到所需图形，并将新图形组合。

（4）利用贝塞尔工具绘制出红色图形。

（5）选用步骤（4）的红色图形作为来源对象，蓝色图形作为目标对象，执行"修剪"命令（不勾选"保留原始源对象"和"保留原目标对象"），得到所需图形。

（6）选中步骤（5）的全部图形，将其旋转到合适的角度。

（7）选中步骤（6）的全部图形，按Ctrl键做镜像复制，并将复制的图形移动到合适的位置，然后取消全部组合。

（8）利用形状工具增加节点，调整节点得到所需图形［使用形状工具直接调整图形为步骤（9）也可以，但先大概调整形状再执行造形命令更方便和准确］。

（9）选用步骤（8）的红色图形作为来源对象，蓝色图形作为目标对象，执行"修剪"命令（勾选"保留原始源对象"，不勾选"保留原目标对象"），得到所需图形。

（10）利用贝塞尔工具绘制出蓝色图形和绿色线条。

（11）将步骤（10）的两个红色图形组合，并将其作为来源对象，蓝色图形作为目标对象，执行"修剪"命令（勾选"保留原始源对象"，不勾选"保留原目标对象"），完成设计（图3-1）。

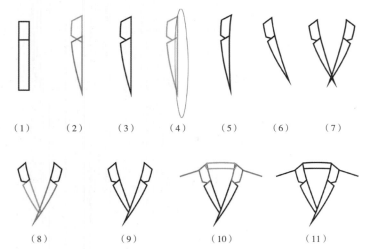

图3-1　西装领的设计与表现

二、立领的设计与表现

（1）利用贝塞尔工具绘制出红色和蓝色图形。

（2）选用步骤（1）的红色图形作为来源对象，蓝色图形作为目标对象，执行"修剪"命令（不勾选"保留原始源对象"和"保留原目标对象"），得到所需图形。

（3）将步骤（2）的图形做镜像复制，得到所需图形。

（4）利用贝塞尔工具绘制出红色和绿色线条。

（5）将步骤（4）的两个蓝色图形组合并作为来源对象，红色图形作为目标对象，执行"修剪"命令（勾选"保留原始源对象"，不勾选"保留原目标对象"），完成设计（图3-2）。

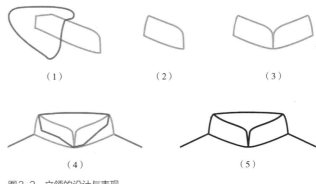

图3-2 立领的设计与表现

三、圆领的设计与表现

（1）利用椭圆形工具拖曳绘制出两个椭圆形形状，将其上下居中、左右居中对齐。

（2）选用步骤（1）的红色椭圆形作为来源对象，蓝色椭圆形作为目标对象，执行"修剪"命令（不勾选"保留原始源对象"和"保留原目标对象"），得到所需图形。

（3）利用贝塞尔工具绘制出红色图形。

（4）选用步骤（3）的红色图形作为来源对象，蓝色圆环作为目标对象，执行"修剪"命令（不勾选"保留原始源对象"和"保留原目标对象"），得到所需图形。

（5）利用矩形工具，拖曳绘制出矩形形状，并将矩形转换为曲线。

（6）利用形状工具增加节点，调整得到所需图形，并将其组合。

（7）选用步骤（6）的蓝色图形作为来源对象，红色图形作为目标对象，执行"修剪"命令（勾选"保留原始源对象"，不勾选"保留原目标对象"），得到所需图形。然后利用矩形工具拖曳绘制出矩形形状。

（8）选用步骤（7）的蓝色矩形作为来源对象，红色图形作为目标对象，执行"修剪"命令（不勾选"保留原始源对象"和"保留原目标对象"），得到所需图形。

（9）全选步骤（8）的全部图形，按Ctrl键做镜像复制，并取消全部组合，得到所需图形。

（10）选用步骤（9）的红色图形作为来源对象，蓝色图形作为目标对象，执行"焊接"命令（不勾选"保留原始源对象"和"保留原目标对象"），用同样的方法处理前领口，再利用贝塞尔工具绘制出肩线，完成设计（图3-3）。

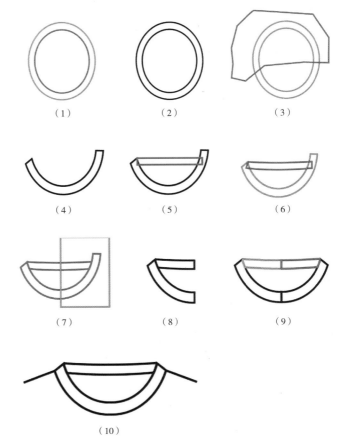

图3-3 圆领的设计与表现

四、V领的设计与表现

（1）利用贝塞尔工具绘制出红色、绿色和蓝色图形，再利用矩形工具拖曳出紫色矩形。

（2）选用步骤（1）的绿色图形作为来源对象，蓝色图形作为目标对象，执行"修剪"命令（不勾选"保留原始源对象"和"保留原目标对象"）；接着选用修剪后的蓝色图形作为来源对象，红色图形作为目标对象，再次执行"修剪"命令（勾选"保留原始源对象"，不勾选"保留原目标对象"）；再选用紫色矩形作为来源对象，将蓝色和红色图形组合后作为目标对象，执行"修剪"命令（不勾选"保留原始源对象"和"保留原目标对象"），得到所需图形，并取消全部组合。

（3）选中步骤（2）的全部图形，按Ctrl键做镜像复制，再利用贝塞尔工具绘制出绿色肩线，得到所需图形。

（4）选用步骤（3）的蓝色图形作为来源对象，红色图形作为目标对象，执行"焊接"命令（不勾选"保留原始源对象"和"保留原目标对象"），完成设计（图3-4）。

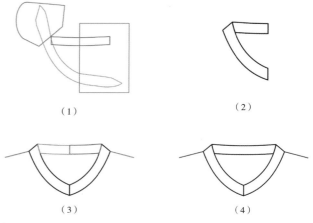

（1）　　　　　　　　　　（2）

（3）　　　　　　　　　　（4）

图3-4　V领的设计与表现

五、衬衣领的设计与表现

（1）利用贝塞尔工具绘制出红色、绿色和蓝色图形。

（2）选用步骤（1）的红色图形作为来源对象，将蓝色和绿色图形组合后作为目标对象，执行"修剪"命令（勾选"保留原始源对象"，不勾选"保留原目标对象"），得到所需图形。

（3）利用矩形工具拖曳出蓝色矩形。

（4）选用步骤（3）的蓝色矩形作为来源对象，将红色图形组合后作为目标对象，执行"修剪"命令（不勾选"保留原始源对象"和"保留原目标对象"），得到所需图形。

（5）选中步骤（4）的全部图形，按Ctrl键做镜像复制，得到所需图形。

（6）选用步骤（5）的蓝色图形作为来源对象，红色图形作为目标对象，执行"焊接"命令（不勾选"保留原始源对象"和"保留原目标对象"）；再选用步骤（5）的黄色图形作为来源对象，绿色图形作为目标对象，执行"焊接"命令（不勾选"保留原始源对象"和"保留原目标对象"），得到所需图形。

（7）利用形状工具对绘制的图形进行细节调整，再利用贝塞尔工具绘制出门襟，得到所需图形。

（8）利用贝塞尔工具绘制出领子和门襟上的虚线，用椭圆形工具绘制出纽扣，完成设计（图3-5）。

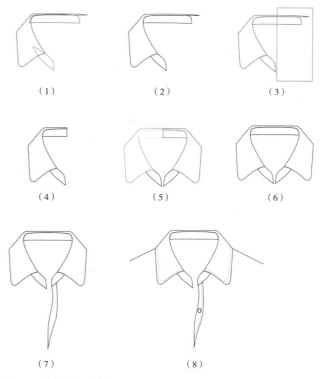

（1）　　　　　（2）　　　　　（3）

（4）　　　　　（5）　　　　　（6）

（7）　　　　　　　　（8）

图3-5　衬衣领的设计与表现

第二节 ｜ 口袋的设计与表现

　　服装口袋在过去大多具有实用性功能，一般是袋口朝上，开口适合手的大小，用来放置物品。随着服装设计的发展，口袋也具有了装饰性作用，在一些服装上也会看到袋口呈45°倾斜，甚至朝下的设计。

一、方贴袋的设计与表现

步骤

（1）利用矩形工具拖曳绘制出矩形形状。

（2）按住Shift键进行复制，然后将两个矩形都转换为曲线。

（3）利用形状工具选中内侧矩形上的节点，单击属性栏上的"断开曲线"按钮，然后对节点进行调整，并选择所需的虚线样式。

（4）利用贝塞尔工具绘制出袋口的虚线，完成方贴袋的设计（图3-6）。

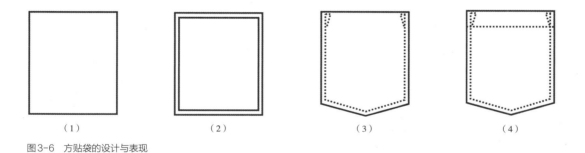

（1）　　　　　　（2）　　　　　　（3）　　　　　　（4）

图3-6　方贴袋的设计与表现

二、圆贴袋的设计与表现

步骤

（1）利用矩形工具拖曳绘制出矩形形状。

（2）在属性栏上调整矩形圆角半径的设置，得到所需图形。

（3）按住Shift键对图形进行复制，然后将所有的图形都转换为曲线。

（4）利用形状工具将内侧两个图形袋口处的路径断开并删除，然后选择所需的虚线样式。

（5）利用贝塞尔工具绘制出袋口处的虚线，完成设计（图3-7）。

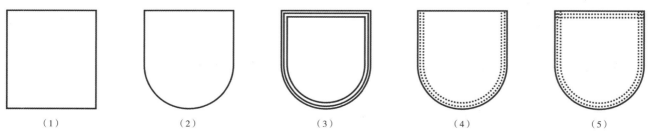

（1）　　　　　（2）　　　　　（3）　　　　　（4）　　　　　（5）

图3-7　圆贴袋的设计与表现

三、斜插袋的设计与表现

> 步骤

（1）利用矩形工具拖曳绘制出矩形形状，然后选中红色矩形，单击右键打开下拉菜单，执行"转换为曲线"命令。

（2）利用形状工具进行调整，调整得到所需图形。

（3）利用贝塞尔工具绘制出红色和蓝色图形。

（4）执行"窗口/泊坞窗/造形"命令，打开造形面板，选用步骤（3）的红色图形作为来源对象，蓝色图形作为目标对象，执行"相交"命令（勾选"保留原始源对象"，不勾选"保留原目标对象"），得到所需图形。

（5）选用步骤（4）的蓝色图形作为来源对象，绿色图形作为目标对象，执行"修剪"命令（勾选"保留原始源对象"，不勾选"保留原目标对象"），得到所需图形。

（6）复制步骤（5）的红色图形。

（7）利用形状工具进行调整，在属性栏上调整线条的样式，得到所需图形。

（8）复制步骤（7）的红色虚线，利用形状工具进行调整，得到所需图形。

（9）利用步骤（6）到步骤（7）的相同步骤，完成设计（图3-8）。

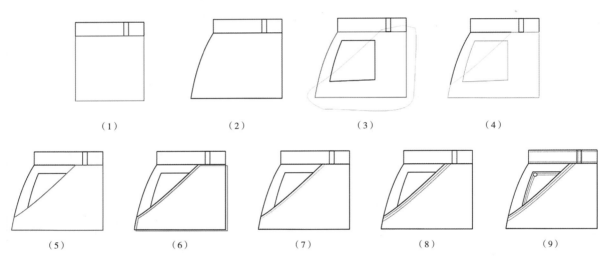

图3-8　斜插袋的设计与表现

第三节 ｜ 袖子的设计与表现

在服装中，袖子是除了衣身之外占服装比例最大的一部分，在服装款式中变化非常丰富，如灯笼袖、蝙蝠袖和荷叶袖等。不过，有一个千变万化但又容易被人忽视的细节，那就是袖头。注意袖头的细节变化，往往会使设计更颇有趣味。

一、平开衩袖头的设计与表现

> 步骤

（1）利用矩形工具拖曳绘制出矩形形状。

（2）利用贝塞尔工具绘制出红色线条。

（3）在属性栏上调整线条的样式，完成正面的设计。

（4）复制步骤（3）的全部图形，利用选择工具进行调整，得到所需图形。

（5）利用椭圆形工具拖曳绘制出椭圆形形状作为纽扣，完成背面的设计（图3-9）。

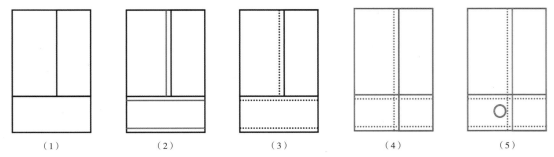

（1）　　　　　（2）　　　　　（3）　　　　　（4）　　　　　（5）

图3-9　平开衩袖头的设计与表现

二、宝剑头袖头的设计与表现

步骤

（1）利用贝塞尔工具绘制出红色图形和蓝色图形。

（2）选用步骤（1）的红色图形作为来源对象，蓝色图形作为目标对象，执行"修剪"命令（勾选"保留原始源对象"，不勾选"保留原目标对象"），得到所需图形。

（3）利用贝塞尔工具绘制出红色图形和线条，并执行"对象/组合"命令。

（4）选用步骤（3）的红色图形作为来源对象，蓝色图形作为目标对象，执行"相交"命令（不勾选"保留原始源对象"，勾选"保留原目标对象"），得到所需图形。

（5）利用贝塞尔工具和变形工具绘制出红色线条。

（6）利用椭圆形工具拖曳绘制出椭圆形形状作为纽扣，完成设计（图3-10）。

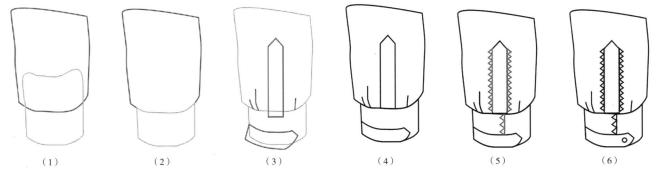

（1）　　　　（2）　　　　（3）　　　　（4）　　　　（5）　　　　（6）

图3-10　宝剑头袖头的设计与表现

第四节 ｜ 腰头的设计与表现

　　裤头或裙头可以统称为"腰头"，一般在人体的腰部，附加五个或者六个裤耳组成。由于腰头所处的位置是人体的视觉中心点，所以有时也会进行艺术化的处理，让腰头不仅起着固定裤子或者裙子的作用，更成为服装的一个装饰性亮点。

一、正面腰头的设计与表现

步骤

（1）利用矩形工具拖曳绘制出矩形，选中矩形然后单击右键打开快捷菜单，执行"转换为曲线"命令。

（2）利用形状工具进行调整，得到所需图形。

（3）选用步骤（2）的红色图形作为来源对象，蓝色图形作为目标对象，执行"修剪"命令（勾选"保留原始源对象"，不勾选"保留原目标对象）"，然后利用矩形工具拖曳出蓝色矩形。

（4）利用形状工具对步骤（3）的蓝色矩形进行调整，得到所需图形。

（5）选用步骤（4）的红色图形作为来源对象，蓝色图形作为目标对象，执行"修剪"命令（勾选"保留原始源对象"，不勾选"保留原目标对象"），得到所需图形。

（6）利用矩形工具拖曳出蓝色矩形。

（7）选用步骤（6）的蓝色矩形作为来源对象，红色图形作为目标对象，执行"修剪"命令（不勾选"保留原始源对象"和"保留原目标对象"），得到所需图形。

（8）利用矩形工具绘制出红色矩形，旋转到合适的角度，作为裤耳；利用贝赛尔工具绘制出红色线条，并选择合适的虚线样式。

（9）选择步骤（8）的全部图形，按 Ctrl 键做镜像复制，将复制的图形移动到合适的位置，得到所需图形。

（10）选用步骤（9）的蓝色图形作为来源对象，红色图形作为目标对象，执行"焊接"命令（不勾选"保留原始源对象"和"保留原目标对象"），得到所需图形。

（11）利用形状工具调整中线处的图形，再利用贝塞尔工具绘制出裤子的搭门。

（12）利用矩形工具拖曳绘制出扣眼，再利用椭圆形工具拖曳绘制出椭圆形纽扣，完成设计（图3-11）。

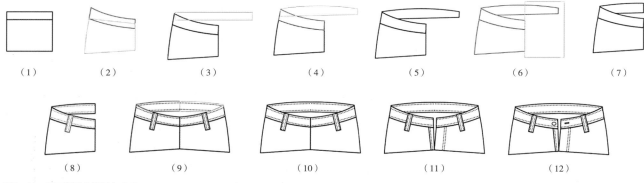

| （1） | （2） | （3） | （4） | （5） | （6） | （7） |

| （8） | （9） | （10） | （11） | （12） |

图3-11　正面腰头的设计与表现

二、背面腰头的设计与表现

步骤

（1）利用矩形工具拖曳绘制出矩形，选中矩形然后单击右键打开快捷菜单，执行"转换为曲线"命令。

（2）利用形状工具进行调整，并执行"对象/组合"命令，得到所需图形。

（3）利用矩形工具拖曳出红色矩形。

（4）选用步骤（3）的红色矩形作为来源对象，蓝色图形作为目标对象，执行"修剪"命令（不勾选"保留原始源对象"和"保留原目标对象"），得到所需图形。

（5）利用矩形工具拖曳绘制出红色矩形，作为裤耳；再利用贝塞尔工具绘制出蓝色虚线，得到所需图形。

（6）选择步骤（5）的全部图形，按 Ctrl 键做镜像复制，并执行"对象/取消组合"命令，得到所需图形。

（7）选用步骤（6）的红色图形作为来源对象，蓝色图形作为目标对象，执行"焊接"命令（不勾选"保留原始源对象"和"保留原目标对象"），得到所需图形。

（8）利用贝塞尔工具绘制出虚线，完成设计（图3-12）。

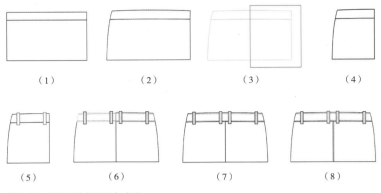

图3-12　背面腰头的设计与表现

第五节 | 服装辅料的设计与表现

服装的辅料往往起功能性的作用，如闭合服装等，但现代服装设计师在利用其功能性的同时，也赋予了辅料装饰性的作用。尤其是将一些平面设计的语言应用在服装上，如将纽扣当作"点"来设计，将拉链作为"线"来设计和服装的"面"形成对比，从而使视觉语言更加丰富。

一、纽扣的设计与表现

纽扣最初的功能主要是用来连接衣服的门襟，而随着时尚的不断发展，纽扣越来越多地被当作装饰品来使用，材料也丰富多彩，有石头纽扣、贝壳纽扣和塑料纽扣等。

1.平面四孔纽扣的设计与表现

步骤

（1）利用椭圆形工具拖曳绘制出椭圆形形状。

（2）利用椭圆形工具拖曳绘制出一个小椭圆，再复制出其他三个，然后执行"对象/对齐与分布"命令，得到所需的图形。

（3）将步骤（2）的图形组合，然后放到步骤（1）的图形上面，执行"对象/对齐与分布"命令（图3-13），完成设计（图3-14）。

图3-13　对齐与分布面板

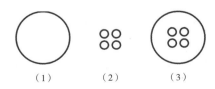

（1）　　（2）　　（3）

图3-14　平面四孔纽扣的设计与表现

2. 立体两孔纽扣的设计与表现

步骤

（1）利用椭圆形工具拖曳绘制出一大一小两个椭圆形形状，并将其上下居中、左右居中对齐。

（2）利用交互式渐变工具进行填充，并将其组合，得到所需的图形。

（3）利用椭圆形工具绘制出两个椭圆形形状，填上颜色，执行"对象/对齐与分布"命令，并将其组合，得到所需的图形。

（4）将步骤（3）的图形放到步骤（2）的图形上面，执行"对象/对齐与分布"命令，完成设计（图3-15）。

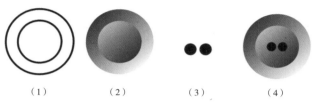

（1）　　　（2）　　　（3）　　　（4）

图3-15　立体两孔纽扣的设计与表现

二、拉链的设计与表现

拉链多应用在夹克类服装和运动类服装上，和纽扣一样也是用来连接衣服的门襟。现今的服装拉链精巧美观，五颜六色，材料也从传统的金属演变为塑料或合成材料。

1. 咬合齿拉链的设计与表现

步骤

（1）利用贝塞尔工具绘制出直线。

（2）在属性栏上的"线条样式"里选择所需的虚线样式。

（3）复制步骤（2）的虚线，然后适当调整第二条虚线的位置，得到所需的图形。

（4）利用贝塞尔工具绘制出两条直线，将其分别放置到步骤（3）绘制的虚线两侧，完成设计（图3-16）。

（1）　　　　　　　（2）

（3）　　　　　　　（4）

图3-16　咬合齿拉链的设计与表现

2. 波纹齿拉链的设计与表现

（1）利用贝塞尔工具绘制出直线。

（2）选择变形工具，在属性栏上选择"拉链变形"，输入合适的数值，再单击"平滑变形"按钮，得到所需的图形。

（3）利用贝塞尔工具绘制出两条直线，将其分别放置到步骤（2）绘制的波线两侧，完成设计（图3-17）。

（1）　　　　　　　（2）

（3）

图3-17　波纹齿拉链的设计与表现

小结　　服装局部的设计与表现是构成服装的重要部件，也是关系到整体成衣质量好坏的重要细节，是服装时尚流行元素运用的点睛之笔。有时候不同的局部设计、不同材料配饰，会呈现出不同的时尚风格效果。在设计时，准确地把握好服装局部的处理，巧妙地运用服装辅料搭配，会给服装带来别具一格的设计亮点。

第四章

女装的设计与表现

　　女性是服装购买的主力军，女装的款式、色彩、面料等的变化比男装更丰富，变化速度更快。这就要求在设计女装款式时，要及时了解当今的时尚动态和潮流变化，了解女性在不同年龄阶段的心理、生理和行为特征的变化，然后结合品牌定位进行设计。本章展示的设计系列以华美的中世纪哥特式风格为主，注重线条结构和廓型的变化。主体选用带有金属光泽的醋酸纤维面料和精美的复合蕾丝面料，在披风、下装及裙摆部分则运用轻薄飘逸的雪纺面料，几种面料的搭配凸显出服装的层次感。本章的绘图技巧主要是通过将矩形变形来获得所需的图形。

第一节 ｜ V领披肩上衣的设计与表现

一、V领披肩上衣的正面设计与表现

步骤

　　（1）利用矩形工具拖曳绘制出矩形，然后转换为曲线［图4-1（1）］。

　　（2）利用形状工具进行调节，得到所需图形［图4-1（2）］。

　　（3）利用贝塞尔工具绘制出红色图形［图4-1（3）］。

　　（4）执行"窗口/泊坞窗/造形"命令，打开造形面板，选用步骤（3）中的蓝色图形作为来源对象，红色图形作为目标对象，执行"相交"命令（勾选"保留原始源对象"，不勾选"保留原目标对象"），得到所需图形［图4-1（4）］。

　　（5）利用贝塞尔工具绘制出红色线条［图4-1（5）］。

　　（6）在工具属性栏上的"线条样式"里选择所需的虚线样式［图4-1（6）］。

　　（7）利用贝塞尔工具绘制出图中红色和蓝色的图形［图4-1（7）］。

　　（8）执行"窗口/泊坞窗/造形"命令，打开造形面板，选用步骤（7）中的红色图形作为来源对象，蓝色图形作为目标对象，执行"修剪"命令（勾选"保留原始源对象"，不勾选"保留原目标对象"），得到所需图形［图4-1（8）］。

　　（9）利用矩形工具拖曳绘制出矩形，然后转换为曲线［图4-2（1）］。

　　（10）利用形状工具进行调节，得到所需图形［图4-2（2）］。

　　（11）选用步骤（10）中的绿色图形作为来源对象，红色图形作为目标对象，执行"修剪"命令（勾选"保留原始源对象"，不勾选"保留原目标对象"），选用步骤（10）中的黄色图形作为来源对象，绿色图形作为目标对象，执行"修剪"命令（勾选"保留原始源对象"，不勾选"保留原目标对象"），得到所需图形［图4-2（3）］。

　　（12）选用步骤（11）中的红色和绿色图形作为来源对象，蓝色图形作为目标对象，执行"修剪"命令（勾选"保留原始源对象"，不勾选"保留原目标对象"），得到所需图形［图4-2（4）］。

　　（13）利用贝塞尔工具绘制出线条［图4-2（5）］。

　　（14）在工具属性栏上的"线条样式"里选择所需的虚线样式，得到所需图形［图4-2（6）］。

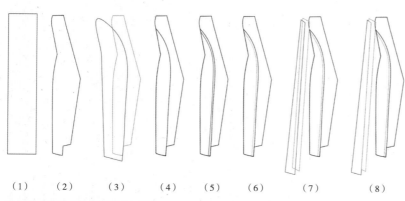

（1）　（2）　（3）　（4）　（5）　（6）　（7）　（8）

图4-1　V领披肩上衣正面设计步骤一

（15）利用矩形工具拖曳绘制出矩形，然后转换为曲线［图4-3（1）］。

（16）利用形状工具进行调节，得到所需图形［图4-3（2）］。

（17）选用步骤（16）中的红色图形作为来源对象，蓝色图形作为目标对象，执行"修剪"命令（勾选"保留原始源对象"，不勾选"保留原目标对象"），得到所需图形［图4-3（3）］。

（18）选中步骤（17）的全部图形，按Ctrl键做镜像复制，然后水平移动，得到所需图形［图4-3（4）］。

（19）选用步骤（18）中的红色图形作为来源对象，蓝色图形作为目标对象，执行"修剪"命令（勾选"保留原始源对象"，不勾选"保留原目标对象"），得到所需图形［图4-3（5）］。

（20）利用矩形工具拖曳绘制出矩形，然后转换为曲线［图4-4（1）］。

（21）利用形状工具进行调节，得到所需图形［图4-4（2）］。

（22）选用步骤（21）中的红色图形作为来源对象，蓝色图形作为目标对象，执行"修剪"命令（勾选"保留原始源对象"，不勾选"保留原目标对象"），得到所需图形［图4-4（3）］。

（23）选用步骤（22）中的蓝色图形作为来源对象，红色图形作为目标对象，执行"修剪"命令（勾选"保留原始源对象"，不勾选"保留原目标对象"），再用椭圆形工具绘制出圆形纽扣，完成正面设计［图4-4（4）］。

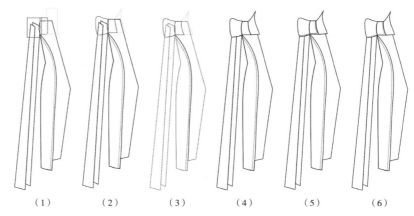

（1）　　（2）　　　（3）　　　（4）　　　（5）　　　（6）

图4-2　Ｖ领披肩上衣正面设计步骤二

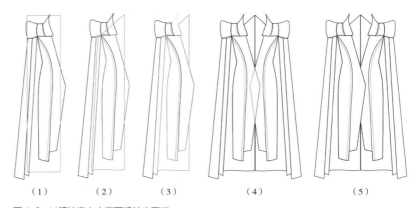

（1）　　（2）　　　（3）　　　（4）　　　（5）

图4-3　Ｖ领披肩上衣正面设计步骤三

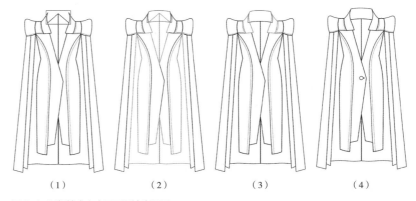

（1）　　　　（2）　　　　　（3）　　　　　（4）

图4-4　Ｖ领披肩上衣正面设计步骤四

二、Ｖ领披肩上衣的背面设计与表现

步骤

（1）复制图4-4（4）的全部图形，删除掉不必要的图形与线条（要保持外轮廓前后一致），做水平镜像翻转，得到所需的图形［图4-5（1）］。

（2）执行"窗口/泊坞窗/造形"命令，打开造形面板，选用步骤（1）中的蓝色图形作为来源对象，红色图形作为目标对象，执行"焊接"命令（不勾选"保留原始源对象"和"保留原目标对象"），再选用步骤（1）中的绿色图形作为来源对象，黄色图形作为目标对象，执行"焊接"命令（不勾选"保留原始源对象"和"保留原目标对象"），得到所需图形［图4-5（2）］。

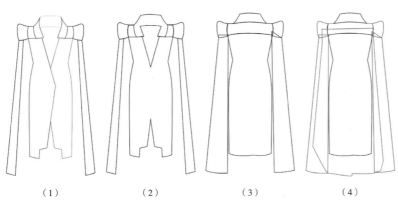

（1）　　　　　（2）　　　　　（3）　　　　　（4）

图4-5　V领披肩上衣背面设计步骤一

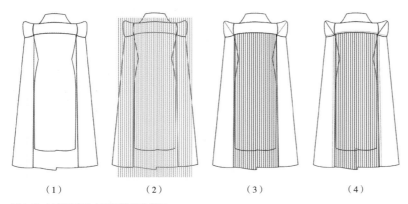

（1）　　　　　（2）　　　　　（3）　　　　　（4）

图4-6　V领披肩上衣背面设计步骤二

（3）利用形状工具进行调整，得出所需的图形［图4-5（3）］。

（4）利用贝塞尔工具绘制出绿色图形［图4-5（4）］。

（5）选用步骤（4）中的红色图形作为来源对象，绿色图形作为目标对象，执行"修剪"命令（勾选"保留原始源对象"，不勾选"保留原目标对象"），得到所需图形［图4-6（1）］。

（6）利用贝塞尔工具按住 Ctrl 键绘制一条垂直线，再按住 Ctrl 键水平复制一个，接着按 Ctrl+D 键进行复制，得到所需图形［图4-6（2）］。

（7）选用步骤（6）中的红色图形作为来源对象，蓝色图形作为目标对象，执行"相交"命令（勾选"保留原始源对象"，不勾选"保留原目标对象"），再利用贝塞尔工具绘制蓝色线，得到所需图形［图4-6（3）］。

（8）利用贝塞尔工具绘制出虚线，完成背面设计［图4-6（4）］。

第二节 | 短款拼接女西服的设计与表现

一、短款拼接女西服的正面设计与表现

　步骤

（1）利用矩形工具拖曳绘制出矩形，然后转换为曲线［图4-7（1）］。

（2）利用形状工具进行调节，得到所需图形［图4-7（2）］。

（3）利用矩形工具拖曳绘制出矩形，然后转换为曲线［图4-7（3）］。

（4）利用形状工具进行调节，得到所需图形［图4-7（4）］。

（5）执行"窗口/泊坞窗/造形"命令，打开造形面板，选用步骤（4）中的蓝色图形作为来源对象，红色图形作为目标对象，执行"修剪"命令（勾选"保留原始源对象"，不勾选"保留原目标对象"），得到所需图形［图4-7（5）］。

（6）利用贝塞尔工具绘制出红色图形［图4-7（6）］。

（7）执行"窗口/泊坞窗/造形"命令，打开造形面板，选用步骤（6）中的蓝色图形作为来源对象，红色图形作为目标对象，执行"相交"命令（勾选"保留原始源对象"，不勾选"保留原目标对象"），得到所需图形［图4-7（7）］。

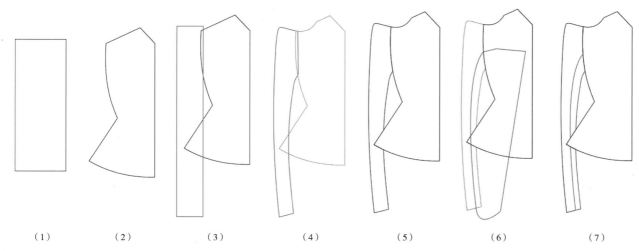

图4-7 短款拼接女西服正面设计步骤一

（8）利用形状工具对步骤（7）中的红色图形袖口位置进行调节，得到所需图形［图4-8（1）］。

（9）利用贝塞尔工具绘制出红色和黄色图形［图4-8（2）］。

（10）选用步骤（9）中的蓝色图形作为来源对象，红色图形作为目标对象，执行"相交"命令（勾选"保留原始源对象"，不勾选"保留原目标对象"），选用步骤（9）中的绿色图形作为来源对象，黄色图形作为目标对象，执行"相交"命令（勾选"保留原始源对象"，不勾选"保留原目标对象"），得到所需图形［图4-8（3）］。

（11）利用形状工具对步骤（10）中的红色图形进行调节，得到所需图形［图4-8（4）］。

（12）选用步骤（11）中的红色图形作为来源对象，蓝色图形作为目标对象，执行"修剪"命令（勾选"保留原始源对象"，不勾选"保留原目标对象"），得到所需图形［图4-8（5）］。

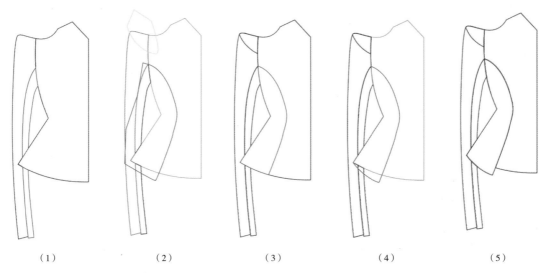

图4-8 短款拼接女西服正面设计步骤二

（13）利用贝塞尔工具绘制出领子，再利用形状工具增加节点，调整红色图形为所需图形［图4-9（1）］。

（14）选用步骤（13）中的蓝色图形作为来源对象，红色图形作为目标对象，执行"修剪"命令（勾选"保留原始源对象"，不勾选"保留原目标对象"），得到所需图形［图4-9（2）］。

（15）利用贝塞尔工具把领子分成两部分（红线），同时画出虚线（蓝线），得到所需图形［图4-9（3）］。

（16）选中步骤（15）的全部图形，执行"对象/组合"命令，再按住 Ctrl 键做镜像复制，然后水平移动，得到所需图形［图4-9（4）］。

（17）选用步骤（16）中的红色图形作为来源对象，蓝色图形作为目标对象，执行"修剪"命令（勾选"保留原始源对象"，不勾选"保留原目标对象"），得到所需图形［图4-9（5）］。

（18）利用贝塞尔工具绘制出蓝色图形［图4-10（1）］。

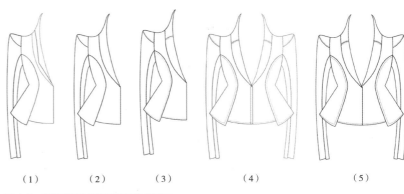

（1）　　　　（2）　　　　（3）　　　　　（4）　　　　　　（5）

图4-9　短款拼接女西服正面设计步骤三

（19）选用步骤（18）中的红色图形作为来源对象，蓝色图形作为目标对象，执行"修剪"命令（勾选"保留原始源对象"，不勾选"保留原目标对象"），得到所需图形［图4-10（2）］。

（20）利用贝塞尔工具绘制出红色部分图形［图4-10（3）］。

（21）选用步骤（20）中的红色图形作为来源对象，蓝色图形作为目标对象，执行"修剪"命令（勾选"保留原始源对象"，不勾选"保留原目标对象"），得到所需图形［图4-11（1）］。

（22）利用贝塞尔工具绘制出红色部分图形［图4-11（2）］。

（23）利用椭圆形工具拖曳绘制出椭圆形形状作为纽扣，完成正面设计［图4-11（3）］。

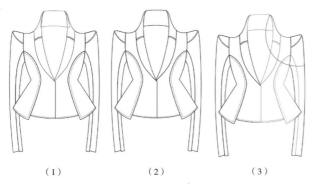

（1）　　　　　　（2）　　　　　　（3）

图4-10　短款拼接女西服正面设计步骤四

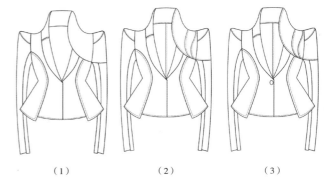

（1）　　　　　　（2）　　　　　　（3）

图4-11　短款拼接女西服正面设计步骤五

二、短款拼接女西服的背面设计与表现

步骤

（1）复制图4-11（3）的全部图形，得到所需图形［图4-12（1）］。

（2）删除掉不必要的图形与线条（要保持外轮廓前后一致），做水平镜像翻转，得到所需的图形［图4-12（2）］。

（3）执行"窗口/泊坞窗/造形"命令，打开造形面板，选用步骤（2）中的蓝色矩形作为来源对象，红色图形作为目标对象，执行"焊接"命令（不勾选"保留原始源对象"和"保留原目标对象"），得到所需图形［图4-12（3）］。

（4）利用贝塞尔工具把领子调整为所需的形状［图4-12（4）］。

（5）利用形状工具把蓝色图形调整为所需的形状［图4-13（1）］。

（6）选用步骤（5）中的红色图形作为来源对象，蓝色图形作为目标对象，执行"修剪"命令（勾选"保留原始源对象"，不勾选"保留原目标对象"），得到所需图形［图4-13（2）］。

（7）利用贝塞尔工具把衣服后片的分割线画出，并利用形状工具调整衣服下摆的形状，完成背面设计［图4-13（3）］。

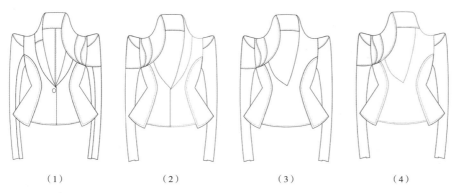

（1）　　　　　（2）　　　　　（3）　　　　　（4）

图4-12　短款拼接女西服背面设计步骤一

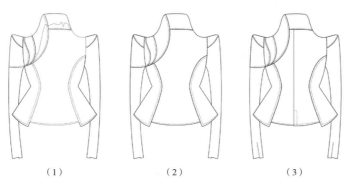

（1）　　　　　　　（2）　　　　　　　（3）

图4-13　短款拼接女西服背面设计步骤二

第三节 | 长款不对称女西服的设计与表现

一、长款不对称女西服的正面设计与表现

步骤

（1）利用矩形工具拖曳绘制出矩形，然后转换为曲线［图4-14（1）］。

（2）利用形状工具进行调节，得到所需图形［图4-14（2）］。

（3）利用贝塞尔工具进行绘制，得到所需图形［图4-14（3）］。

（4）执行"窗口/泊坞窗/造形"命令，打开造形面板，选用步骤（3）中的蓝色图形作为来源对象，红色图形作为目标对象，执行"相交"命令（不勾选"保留原始源对象"，勾选"保留原目标对象"），得到所需图形［图4-14（4）］。

（5）利用贝塞尔工具进行绘制，得到所需的图形［图4-14（5）］。

（6）执行"窗口/泊坞窗/造形"命令，打开造形面板，选用步骤（5）中的蓝色图形作为来源对象，红色图形作为目标对象，执行"修剪"命令（勾选"保留原始源对象"，不勾选"保留原目标对象"），得到所需图形［图4-14（6）］。

（7）利用形状工具进行调整，得到所需图形［图4-15（1）］。

（8）利用矩形工具拖曳绘制出矩形，然后转换为曲线［图4-15（2）］。

（9）利用形状工具增加节点进行调整，得到所需图形［图4-15（3）］。

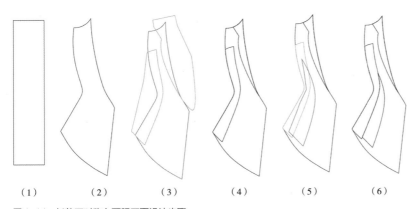

（1）　　　　（2）　　　　（3）　　　　（4）　　　　（5）　　　　（6）

图4-14　长款不对称女西服正面设计步骤一

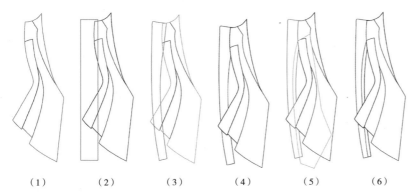

（1）　　　　（2）　　　　（3）　　　　（4）　　　　（5）　　　　（6）

图4-15　长款不对称女西服正面设计步骤二

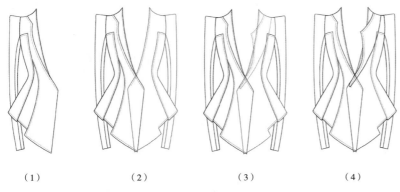

（1）　　　　　　（2）　　　　　　（3）　　　　　　（4）

图4-16　长款不对称女西服正面设计步骤三

（1）　　　　　　　　（2）　　　　　　　　（3）

图4-17　长款不对称女西服正面设计步骤四

（10）执行"窗口/泊坞窗/造形"命令，打开造形面板，选用步骤（9）中的蓝色图形作为来源对象，红色图形作为目标对象，执行"修剪"命令（勾选"保留原始源对象"，不勾选"保留原目标对象"），得到所需图形［图4-15（4）］。

（11）利用贝塞尔工具画出蓝色图形［图4-15（5）］。

（12）执行"窗口/泊坞窗/造形"命令，打开造形面板，选用步骤（11）中的蓝色图形作为来源对象，红色图形作为目标对象，执行"相交"命令（不勾选"保留原始源对象"，勾选"保留原目标对象"），得到所需图形［图4-15（6）］。

（13）利用贝塞尔工具画出红色虚线［图4-16（1）］。

（14）选中步骤（13）的全部图形，按住Ctrl键做镜像复制，删除掉不必要的图形与线条，得到所需图形［图4-16（2）］。

（15）利用贝塞尔工具绘制出蓝色图形［图4-16（3）］。

（16）选用步骤（15）中的蓝色图形作为来源对象，红色图形作为目标对象，执行"修剪"命令（勾选"保留原始源对象"，不勾选"保留原目标对象"），得到所需图形［图4-16（4）］。

（17）利用形状工具对红色图形进行调整，得到所需图形［图4-17（1）］。

（18）执行"窗口/泊坞窗/造形"命令，打开造形面板，选用步骤（17）中的蓝色图形作为来源对象，红色图形作为目标对象，执行"修剪"命令（勾选"保留原始源对象"，不勾选"保留原目标对象"），得到所需图形［图4-17（2）］。

（19）利用贝塞尔工具绘制出领并利用椭圆形工具绘制出圆形纽扣，完成正面设计［图4-17（3）］。

二、长款不对称女西服的背面设计与表现

步骤

（1）复制图4-17（3）的全部图形，得到所需图形 ［图4-18（1）］。

（2）删除掉不必要的图形与线条（要保持外轮廓前后一致），全部选中图形，执行"对象/组合"命令，得到所需的图形 ［图4-18（2）］。

（3）利用矩形工具拖曳绘制出矩形形状 ［图4-18（3）］。

（4）执行"窗口/泊坞窗/造形"命令，打开造形面板，选用步骤（3）中的蓝色矩形作为来源对象，红色图形作为目标对象，执行"修剪"命令（不勾选"保留原始源对象"和"保留原目标对象"），得到所需图形 ［图4-18（4）］。

（5）执行"排列/取消群组"命令，按住Ctrl键做镜像复制，得到所需图形 ［图4-18（5）］。

（6）选用步骤（5）中的蓝色图形作为来源对象，红色图形作为目标对象，执行"焊接"命令（不需要勾选"保留原始源对象"和"保留原目标对象"），利用相同的方法处理领子，得到所需图形 ［图4-18（6）］。

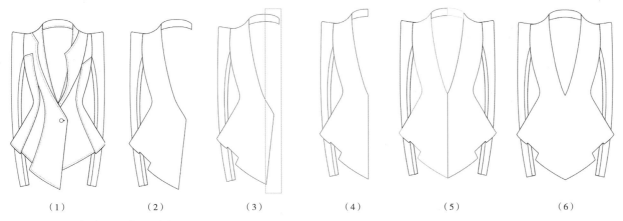

（1）　　　　（2）　　　　（3）　　　　（4）　　　　（5）　　　　（6）

图4-18　长款不对称女西服背面设计步骤一

（7）利用形状工具调整红色图形并利用贝塞尔工具绘制出蓝色、绿色、紫色和橙色图形 ［图4-19（1）］。

（8）执行"窗口/泊坞窗/造形"命令，打开造形面板，选用步骤（7）中的绿色图形作为来源对象，蓝色图形作为目标对象，执行"修剪"命令（勾选"保留原始源对象"，不勾选"保留原目标对象"），再选用步骤（7）中的蓝色的图形作为来源对象，红色图形作为目标对象，执行"相交"命令（不勾选"保留原始源对象"，勾选"保留原目标对象"），选用步骤（7）中的橙色图形作为来源对象，红色图形作为目标对象，执行"相交"命令（不勾选"保留原始源对象"，勾选"保留原目标对象"），选用步骤（7）中的紫色图形作为来源对象，红色图形作为目标对象，执行"修剪"命令（勾选"保留原始源对象"，不勾选"保留原目标对象"），得到所需图形 ［图4-19（2）］。

（9）选用步骤（8）中的红色图形作为来源对象，蓝色图形作为目标对象，执行"修剪"命令（勾选"保留原始源对象"，不勾选"保留原目标对象"），得到所需图形 ［图4-19（3）］。

（10）利用贝塞尔工具画出虚线，完成背面设计 ［图4-19（4）］。

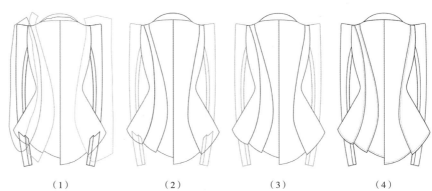

（1）　　　　（2）　　　　（3）　　　　（4）

图4-19　长款不对称女西服背面设计步骤二

第四节 | 不对称直身长上衣的设计与表现

一、不对称直身长上衣的正面设计与表现

步骤

（1）利用矩形工具拖曳绘制出矩形，然后转换为曲线［图4-20（1）］。

（2）利用形状工具进行调节，得到所需图形［图4-20（2）］。

（3）利用贝塞尔工具绘制红色图形，得到所需图形［图4-20（3）］。

（4）执行"窗口/泊坞窗/造形"命令，打开造形面板，选用步骤（3）中的蓝色图形作为来源对象，红色图形作为目标对象，执行"修剪"命令（勾选"保留原始源对象"，不勾选"保留原目标对象"），得到所需图形［图4-20（4）］。

（5）利用贝塞尔工具进行绘制，得到所需的图形［图4-20（5）］。

（6）执行"窗口/泊坞窗/造形"命令，打开造形面板，选用步骤（5）中的蓝色图形作为来源对象，红色图形作为目标对象，执行"相交"命令（勾选"保留原始源对象"，不勾选"保留原目标对象"），得到所需图形［图4-20（6）］。

（7）利用贝塞尔工具进行绘制，得到所需的图形［图4-20（7）］。

（8）选用步骤（7）中的蓝色图形作为来源对象，红色图形作为目标对象，执行"修剪"命令（勾选"保留原始源对象"，不勾选"保留原目标对象"），得到所需图形［图4-20（8）］。

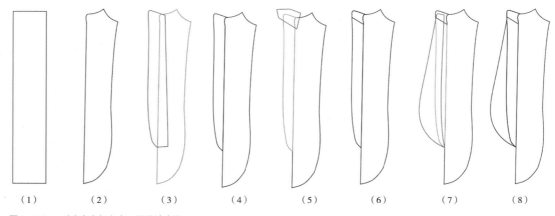

（1）　　　（2）　　　（3）　　　（4）　　　（5）　　　（6）　　　（7）　　　（8）

图4-20　不对称直身长上衣正面设计步骤一

（9）利用贝塞尔工具进行绘制，得到所需的图形［图4-21（1）］。

（10）选用步骤（9）中的蓝色图形作为来源对象，红色图形作为目标对象，执行"修剪"命令（勾选"保留原始源对象"，不勾选"保留原目标对象"），得到所需图形［图4-21（2）］。

（11）利用贝塞尔工具进行绘制，得到所需的图形［图4-21（3）］。

（12）选中步骤（9）中的蓝色图形作为来源对象，红色图形作为目标对象，执行"修剪"命令（勾选"保留原始源对象"，不勾选"保留原目标对象"），得到所需图形［图4-21（4）］。

（13）按住Ctrl键做镜像复制，得到所需图形［图4-21（5）］。

（14）选用步骤（13）中的蓝色图形作为来源对象，红色图形作为目标对象，执行"焊接"命令（不勾选"保留

原始源对象"和"保留原目标对象"），得到所需图形［图4-22（1）］。

（15）利用形状工具进行调整，并利用贝塞尔工具绘制出绿色和蓝色图形［图4-22（2）］。

（16）选用步骤（15）中的蓝色图形作为来源对象，红色图形作为目标对象，执行"修剪"命令（勾选"保留原始源对象"，不勾选"保留原目标对象"），选用步骤（15）中的蓝色图形作为来源对象，绿色图形作为目标对象，执行"修剪"命令（勾选"保留原始源对象"，不勾选"保留原目标对象"），得到所需图形［图4-22（3）］。

（17）利用贝塞尔工具绘制出红色图形［图4-22（4）］。

（18）执行"对象/组合"命令，然后选用步骤（17）中的蓝色图形作为来源对象，红色图形作为目标对象，执行"修剪"命令（勾选"保留原始源对象"，不勾选"保留原目标对象"），得到所需图形［图4-23（1）］。

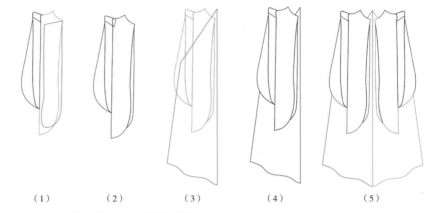

（1）　　　（2）　　　（3）　　　（4）　　　（5）

图4-21　不对称直身长上衣正面设计步骤二

（19）利用贝塞尔工具进行绘制［图4-23（2）］。

（20）选用步骤（19）中的蓝色图形作为来源对象，红色图形作为目标对象，执行"修剪"命令（勾选"保留原始源对象"，不勾选"保留原目标对象"），得到所需图形［图4-23（3）］。

（21）利用贝塞尔工具按住Ctrl键绘制一条垂直线，再按住Ctrl键水平复制一个，接着按Ctrl+D键进行复制，得到所需图形［图4-23（4）］。

（22）选用步骤（21）中的蓝色图形作为来源对象，红色图形作为目标对象，执行"相交"命令（勾选"保留原始源对象"，不勾选"保留原目标对象"），得到所需图形［图4-24（1）］。

（23）利用贝塞尔工具画出虚线，完成正面设计［图4-24（2）］。

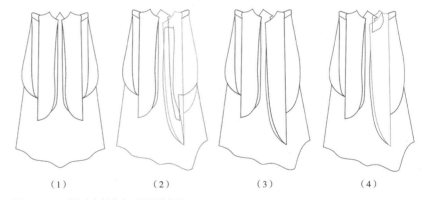

（1）　　　　（2）　　　　（3）　　　　（4）

图4-22　不对称直身长上衣正面设计步骤三

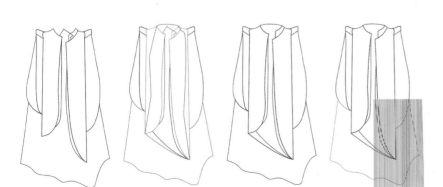

（1）　　　　（2）　　　　（3）　　　　（4）

图4-23　不对称直身长上衣正面设计步骤四

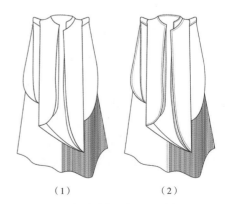

（1）　　　　（2）

图4-24　不对称直身长上衣正面设计步骤五

二、不对称直身长上衣的背面设计与表现

步骤

（1）复制图 4-24（2）的全部图形［图 4-25（1）］。

（2）做镜像翻转，删除掉不必要的图形与线条（要保持外轮廓前后一致），得到所需图形［图 4-25（2）］。

（3）执行"窗口/泊坞窗/造形"命令，打开造形面板，选用步骤（2）中的蓝色图形作为来源对象，绿色图形作为目标对象，执行"焊接"命令（不勾选"保留原始源对象"和"保留原目标对象"），选用步骤（2）中的红色图形作为来源对象，黄色图形作为目标对象，执行"焊接"命令（不勾选"保留原始源对象"和"保留原目标对象"），然后利用形状工具进行调整，得到所需图形［图 4-25（3）］。

（4）利用贝塞尔工具绘制出红色线条［图 4-25（4）］。

（5）选用步骤（4）中的红色图形作为来源对象，蓝色图形作为目标对象，执行"相交"命令（不勾选"保留原始源对象"，勾选"保留原目标对象"），得到所需图形［图 4-26（1）］。

（6）利用贝塞尔工具绘制出红色与绿色图形［图 4-26（2）］。

（7）先选用步骤（6）中的红色图形作为来源对象，蓝色图形作为目标对象，执行"修剪"命令（勾选"保留原始源对象"，不勾选"保留原目标对象"），接着选用步骤（6）中的绿色图形作为来源对象，蓝色图形作为目标对象，执行"修剪"命令（勾选"保留原始源对象"，不勾选"保留原目标对象"），再选用步骤（6）中的绿色图形作为来源对象，黄色图形作为目标对象，执行"相交"命令（不勾选"保留原始源对象"，勾选"保留原目标对象"），最后选用步骤（6）中的红色图形作为来源对象，绿色图形作为目标对象，执行"修剪"命令（不勾选"保留原始源对象"和"保留原目标对象"），得到所需图形［图 4-26（3）］。

（8）利用贝塞尔工具画出虚线，完成背面设计［图 4-26（4）］。

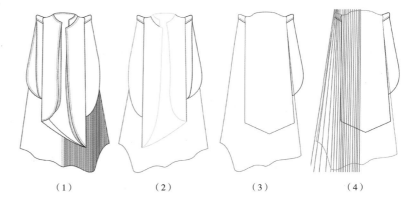

（1）　　　　（2）　　　　（3）　　　　（4）

图 4-25　不对称直身长上衣背面设计步骤一

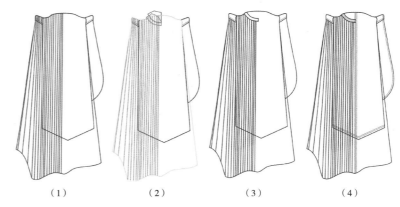

（1）　　　　（2）　　　　（3）　　　　（4）

图 4-26　不对称直身长上衣背面设计步骤二

第五节 | 压褶装饰长上衣的设计与表现

一、压褶装饰长上衣的正面设计与表现

步骤

（1）利用矩形工具拖曳绘制出矩形，然后转换为曲线［图 4-27（1）］。

（2）利用形状工具进行调节，得到所需图形［图4-27（2）］。

（3）利用贝塞尔工具进行绘制绿色和蓝色图形［图4-27（3）］。

（4）执行"窗口／泊坞窗／造形"命令，打开造形面板，选用步骤（3）中的红色图形作为来源对象，蓝色图形作为目标对象，执行"修剪"命令（勾选"保留原始源对象"，不勾选"保留原目标对象"），选用步骤（3）中的红色图形作为来源对象，绿色图形作为目标对象，执行"相交"命令（勾选"保留原始源对象"，不勾选"保留原目标对象"），然后利用形状工具对绿色的图形进行调整，填上颜色，得到所需图形［图4-27（4）］。

（5）利用贝塞尔工具进行绘制，得到所需的图形［图4-27（5）］。

（6）执行"窗口／泊坞窗／造形"命令，打开造形面板，先选用步骤（5）中的绿色图形作为来源对象，黄色图形作为目标对象，执行"修剪"命令（勾选"保留原始源对象"，不勾选"保留原目标对象"），再选用步骤（5）中的黄色和绿色图形作为来源对象，红色图形作为目标对象，执行"修剪"命令（勾选"保留原始源对象"，不勾选"保留原目标对象"），然后选用步骤（5）中的蓝色图形作为来源对象，红色图形作为目标对象，执行"修剪"命令（勾选"保留原始源对象"，不勾选"保留原目标对象"），得到所需图形［图4-27（6）］。

（7）全选中步骤（6）中的图形，执行"对象／组合"命令，利用矩形工具拖曳绘制出矩形形状［图4-27（7）］。

（8）选用步骤（7）中的红色矩形作为来源对象，绿色图形作为目标对象，执行"修剪"命令（不勾选"保留原始源对象"和"保留原目标对象"），得到所需图形［图4-27（8）］。

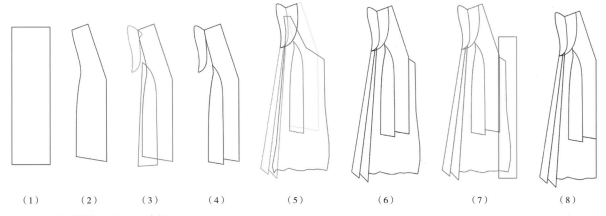

（1）　　（2）　　（3）　　（4）　　（5）　　（6）　　（7）　　（8）

图4-27　压褶装饰长上衣正面设计步骤一

（9）选中步骤（8）中的全部图形，按Ctrl键做镜像复制，再水平移动，得到所需图形［图4-28（1）］。

（10）选用步骤（9）中的红色图形作为来源对象，绿色图形作为目标对象，执行"修剪"命令（勾选"保留原始源对象"，不勾选"保留原目标对象"），得到所需图形［图4-28（2）］。

（11）利用贝塞尔工具画出领子［图4-28（3）］。

（12）选中步骤（11）中的领子，按Ctrl键做镜像复制，再水平移动，得到所需图形［图4-28（4）］。

（13）选用步骤（12）中的红色领子作为来源对象，蓝色领子作为目标对象，执行"修剪"命令（勾选"保留原始源

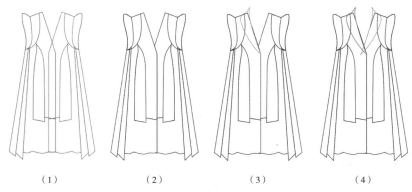

（1）　　　　（2）　　　　（3）　　　　（4）

图4-28　压褶装饰长上衣正面设计步骤二

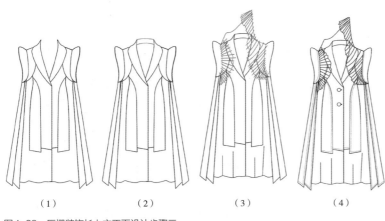

（1）　　　　（2）　　　　（3）　　　　（4）

图4-29　压褶装饰长上衣正面设计步骤三

象"，不勾选"保留原目标对象"），再用形状工具调整，得到所需图形［图4-29（1）］。

（14）利用贝塞尔工具画出领子［图4-29（2）］。

（15）再利用贝塞尔工具绘制出绿色、红色和蓝色的图形［图4-29（3）］。

（16）选用步骤（15）中的红色图形作为来源对象，蓝色图形作为目标对象，执行"相交"命令（不勾选"保留原始源对象"，勾选"保留原目标对象"），再利用椭圆形工具绘制出圆形纽扣，完成正面设计［图4-29（4）］。

二、压褶装饰长上衣的背面设计与表现

步骤

（1）复制图4-29（4）中的全部图形，得到所需图形［图4-30（1）］。

（2）删除掉不必要的图形与线条（要保持外轮廓前后一致），得到所需图形［图4-30（2）］。

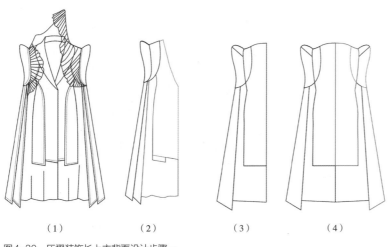

（1）　　　　（2）　　　　（3）　　　　（4）

图4-30　压褶装饰长上衣背面设计步骤一

（3）利用形状工具进行调整并利用贝塞尔工具进行绘制，得到所需图形［图4-30（3）］。

（4）全选步骤（3）中的图形，按住 Ctrl 键进行镜像复制，得到所需图形［图4-30（4）］。

（5）执行"窗口/泊坞窗/造形"命令，打开造形面板，选用红色的图形作为来源对象，蓝色图形作为目标对象，执行"修剪"命令（勾选"保留原始源对象"，不勾选"保留原目标对象"），然后利用形状工具进行调整步骤（4）中的绿色图形，得到所需图形［图4-31（1）］。

（6）利用贝塞尔工具绘制出红色、蓝色和绿色图形［图4-31（2）］。

（7）执行"窗口/泊坞窗/造形"命令，打开造形面板，选用步骤（6）中的红色图形作为来源对象，蓝色图形作为目标对象，执行"相交"命令（勾选"保留原始源对象"，不勾选"保留原目标对象"），得到所需图形［图4-31（3）］。

（8）利用贝塞尔工具画出虚线，完成背面设计［图4-31（4）］。

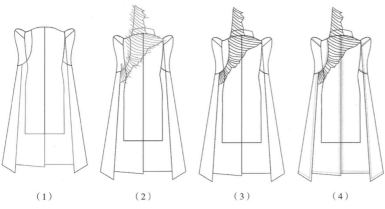

（1）　　　　（2）　　　　（3）　　　　（4）

图4-31　压褶装饰长上衣背面设计步骤二

第六节 | 拼接材质披风的设计与表现

一、拼接材质披风的正面设计与表现

步骤

（1）利用矩形工具拖曳绘制出矩形形状，然后转换为曲线［图4-32（1）］。

（2）利用形状工具进行调节，得到所需图形［图4-32（2）］。

（3）利用贝塞尔工具绘制出绿色、橙色和蓝色图形［图4-32（3）］。

（4）执行"窗口/泊坞窗/造形"命令，打开造形面板，选用步骤（3）中的红色图形作为来源对象，绿色图形作为目标对象，执行"相交"命令（勾选"保留原始源对象"，不勾选"保留原目标对象"），选用步骤（3）中的红色图形作为来源对象，蓝色图形作为目标对象，执行"修剪"命令（勾选"保留原始源对象"，不勾选"保留原目标对象"），选用步骤（3）中的橙色图形作为来源对象，蓝色图形作为目标对象，执行"修剪"命令（勾选"保留原始源对象"，不勾选"保留原目标对象"），选用步骤（3）中的红色图形作为来源对象，橙色图形作为目标对象，执行"修剪"命令（勾选"保留原始源对象"，不勾选"保留原目标对象"），得到所需图形［图4-32（4）］。

（5）利用贝塞尔工具绘制出蓝色图形［图4-32（5）］。

（6）选用步骤（5）中的红色图形作为来源对象，蓝色图形作为目标对象，执行"修剪"命令（勾选"保留原始源对象"，不勾选"保留原目标对象"），得到所需图形［图4-32（6）］。

（7）执行"对象/组合"命令，利用矩形工具拖曳绘制出矩形［图4-32（7）］。

（8）选用步骤（7）中的蓝色矩形作为来源对象，红色图形作为目标对象，执行"修剪"命令（不勾选"保留原始源对象"和"保留原目标对象"），得到所需图形［图4-32（8）］。

（9）执行"排列/取消群组"命令，利用贝塞尔工具绘制出红色图形［图4-33（1）］。

（10）选用步骤（9）中的蓝色矩形作为来源对象，红色图形作为目标对象，执行"相交"命令（勾选"保留原始源对象"，不勾选"保留原目标对象"），得到所需图形［图4-33（2）］。

（11）全选步骤（10）中的图形，按住Ctrl键进行镜像复制，得到所需图形［图4-33（3）］。

（12）执行"窗口/泊坞窗/造形"命令，打开造形面板，选用步骤（11）中的红色图形作为来源对象，蓝色图形作为目标对象，执行"焊接"命令（勾选"保留原始源对象"，不"保留原目标对象"），利用相同的方法对绿色、黄色、橙色和紫色图形进行操作，得到所需图形［图4-33（4）］。

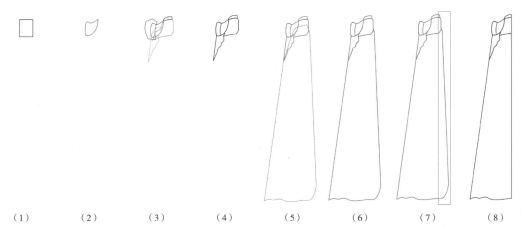

（1）　　　　（2）　　　　（3）　　　　（4）　　　　（5）　　　　（6）　　　　（7）　　　　（8）

图4-32　拼接材质披风正面设计步骤一

（13）利用贝塞尔工具绘制出线条，执行"排列/变换/旋转"命令进行复制，得到所需的图形［图4-33（5）］。

（14）选用步骤（13）中的红色矩形作为来源对象，蓝色图形作为目标对象，执行"相交"命令（勾选"保留原始源对象"，不勾选"保留原目标对象"），得到所需图形［图4-33（6）］。

（15）利用贝塞尔工具绘制出虚线，完成正面设计（图4-34）。

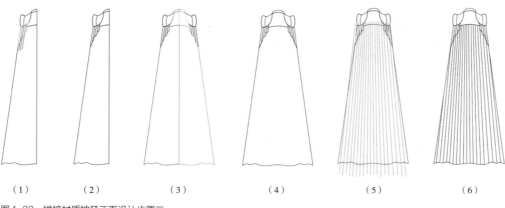

（1）　　　　　（2）　　　　　（3）　　　　　（4）　　　　　（5）　　　　　（6）

图4-33　拼接材质披风正面设计步骤二

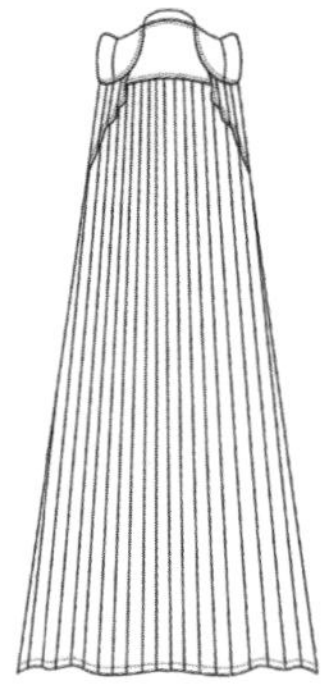

图4-34　拼接材质披风正面完成效果

二、拼接材质披风的背面设计与表现

步骤

（1）复制图4-34全部图形，删除掉不必要的图形，利用形状工具进行调整并利用贝塞尔工具进行绘制，得到所需的图形［图4-35（1）］。

（2）执行"窗口/泊坞窗/造形"命令，打开造形面板，选用步骤（1）中的红色图形作为来源对象，绿色图形作为目标对象，执行"修剪"命令（不需要勾选"保留原始源对象"和"保留原目标对象"），选用步骤（1）中的橙色图形作为来源对象，绿色图形作为目标对象，执行"修剪"命令（勾选"保留原始源对象"，不勾选"保留原目标对象"），选用步骤（1）中的黄色图形作为来源对象，橙色图形作为目标对象，执行"相交"命令（不勾选"保留原始源对象"，勾选"保留原目标对象"），再利用贝塞尔工具调整披风压褶装饰，得到所需图形［图4-35（2）］。

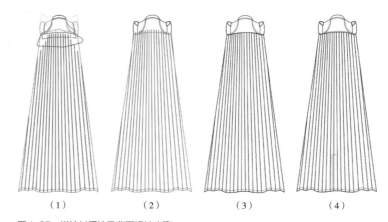

（1）　　　　　（2）　　　　　（3）　　　　　（4）

图4-35　拼接材质披风背面设计步骤

（3）选用步骤（2）中的蓝色图形作为来源对象，红色图形作为目标对象，执行"相交"命令（勾选"保留原始源对象"，不勾选"保留原目标对象"），得到所需图形［图4-35（3）］。

（4）利用贝塞尔工具画出虚线，完成背面设计［图4-35（4）］。

小结　　在绘制图形时，先用矩形工具绘制出矩形再将其变形，有利于绘画基础薄弱的设计者学习，这样更容易控制图形。注意，在对矩形进行调整时，必须先把矩形转换为曲线，才能进行调整。

第五章

男装的设计与表现

男装一般在款式廓型方面变化不大，色彩调性也相对比较沉稳，但近几年也有偏鲜艳、跳跃的色彩出现在男装当中，随着健康、环保理念的流行，运动主题男装元素也颇为盛行。在近几年男装时装周上，许多服装设计师也别出心裁地以运动为主题进行设计，同时也为男装设计教学带来一些启发。本章的男装设计来自对都市运动风的重新演绎，运动与未来主义相互碰撞交融，带来美妙的视觉享受。在男装流行趋势中，运动装在轮廓的设计上也有很大的改变。在图案方面，本章设计灵感源于飞机飞行的轨迹和太空轨道，以及飞机和火箭造型的一些现代科技物体，以线的方式来表达，在外形上采用了男生酷爱运动的廓型。

第一节 | 中长上衣的设计与表现

一、中长上衣的正面设计与表现

步骤

（1）利用矩形工具拖曳绘制出矩形，然后转换为曲线［图5-1（1）］。

（2）利用形状工具进行调节，得到所需图形［图5-1（2）］。

（3）利用贝塞尔工具绘制出红色图形［图5-1（3）］。

（4）执行"窗口/泊坞窗/造形"命令，打开造形面板，选用步骤（3）中的蓝色图形作为来源对象，红色图形作为目标对象，执行"修剪"命令（勾选"保留原始源对象"，不勾选"保留原目标对象"），得到所需图形［图5-1（4）］。

（5）利用贝塞尔工具绘制出红色图形［图5-1（5）］。

（6）执行"窗口/泊坞窗/造形"命令，打开造形面板，选用步骤（5）中的蓝色图形作为来源对象，红色图形作为目标对象，执行"修剪"命令（勾选"保留原始源对象"，不勾选"保留原目标对象"），得到所需图形［图5-2（1）］。

（7）利用贝塞尔工具绘制出红色与绿色图形［图5-2（2）］。

（8）执行"窗口/泊坞窗/造形"命令，打开造形面板，选用步骤（7）中的红色图形作为来源对象，蓝色图形作为目标对象，执行"相交"命令（不勾选"保留原始源对象"，勾选"保留原目标对象"），得到所需图形［图5-2（3）］。

（9）利用贝塞尔工具绘制出红色图形［图5-2（4）］。

（10）执行"窗口/泊坞窗/造形"命令，打开造形面板，选用步骤（9）中的红色图形作为来源对象，蓝色图形作为目标对象，执行"相交"命令（不勾选"保留原始源对象"，勾选"保留原目标对象"），再利用贝塞尔工具绘制红色图形，得到所需图形［图5-3（1）］。

（11）执行"窗口/泊坞窗/造形"命令，

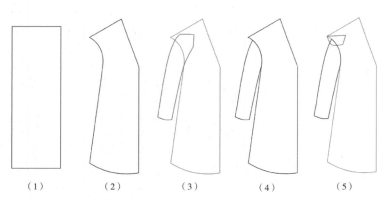

（1）　　　（2）　　　（3）　　　（4）　　　（5）

图5-1　中长上衣正面设计步骤一

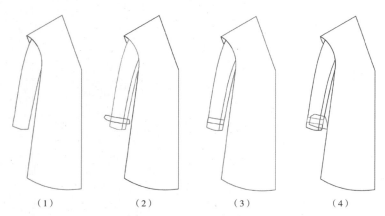

（1）　　　（2）　　　（3）　　　（4）

图5-2　中长上衣正面设计步骤二

打开造形面板，选用步骤（10）中的红色图形作为来源对象，蓝色图形作为目标对象，执行"相交"命令（不勾选"保留原始源对象"，需要勾选"保留原目标对象"），得到所需图形［图5-3（2）］。

（12）利用步骤（9）到步骤（11）的方法操作，得到所需形状［图5-3（3）］。

（13）利用贝塞尔工具绘制出直线［图5-3（4）］。

（14）选中步骤（13）的直线作为对象，执行"窗口/泊坞窗/变换/位置"命令，打开造形面板，在X栏中输入对应的数值（本案例的值是0.25cm），相对位置为"右中"，副本为"14"，然后点击按应用，得到所需图形［图5-4（1）］。

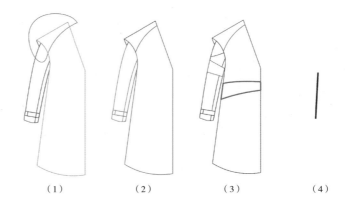

图5-3 中长上衣正面设计步骤三

（15）选中步骤（14）的全部图形，选择菜单中的"效果菜单/图框精确裁剪/至于图文框内"，对准步骤（12）的红色图形点击，然后调整好位置，得到所需图形［图5-4（2）］。

（16）利用矩形工具拖曳绘制出矩形形状，得到所需图形［图5-4（3）］。

（17）把矩形转换为曲线，再利用造形工具修改调整，得到所需图形［图5-4（4）］。

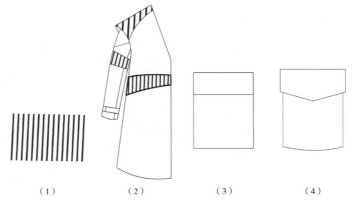

图5-4 中长上衣正面设计步骤四

（18）把步骤（17）的口袋放到步骤（15）的图形上，再利用步骤（16）到步骤（17）的方法，多画一个口袋，调整好位置，得到所需图形［图5-5（1）］。

（19）利用椭圆形工具绘制出椭圆形［图5-5（2）］。

（20）选中步骤（19）的椭圆形作为对象，执行"窗口/泊坞窗/变换/位置"命令，打开造形面板，在X栏中输入对应的数值，相对位置为"右中"，副本为"12"，然后点击应用，得到所需图形［图5-5（3）］。

（21）利用步骤（20）的同样方法，得出所需图形［图5-5（4）］。

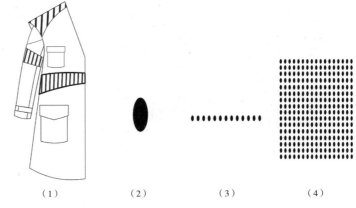

图5-5 中长上衣正面设计步骤五

（22）选中步骤（21）的全部图形，选择菜单中的"效果菜单/图框精确裁剪/至于图文框内"，对准步骤（18）中的红色图形点击并调整好位置。然后利用贝塞尔工具绘制出红色图形，得到所需图形［图5-6（1）］。

（23）执行"窗口/泊坞窗/造形"命令，打开造形面板，选用步骤（22）中的红色图形作为来源对象，蓝色图形作为目标对象，执行"相交"命令（不勾选"保留原始源对象"，勾选"保留原目标对象"），再按照步骤（22）的方法把椭圆形点填进去，调整图形顺序，得到所需图形［图5-6（2）］。

（24）利用矩形工具拖曳绘制出矩形形状，得到所需图形［图5-6（3）］。

（25）把矩形转换为曲线，再利用形状工具修改调整形状，得到所需图形［图5-6（4）］。

（26）利用贝塞尔工具绘制出红色图形［图5-6（5）］。

图5-6　中长上衣正面设计步骤六

图5-7　中长上衣正面设计步骤七

图5-8　中长上衣正面设计步骤八

图5-9　中长上衣正面设计步骤九

（27）执行"窗口/泊坞窗/造形"命令，打开造形面板，选用步骤（26）中的红色图形作为来源对象，蓝色图形作为目标对象，执行"修剪"命令（不勾选"保留原始源对象"和"保留原目标对象"），得到所需图形［图5-7（1）］。

（28）把步骤（27）中的领子放到步骤（23）中的图形上，调整好位置并分别填上颜色［图5-7（2）］。

（29）选中步骤（28）的全部图形，按住Ctrl做镜像复制，调整好位置，得到所需图形［图5-7（3）］。

（30）利用形状工具调整好步骤（29）的图形，得到所需图形［图5-7（4）］。

（31）利用贝塞尔工具绘制出红色图形［图5-8（1）］。

（32）把步骤（31）中的红色图形执行"对象/顺序/到页面后面"命令，修改颜色，再用贝塞尔工具绘制出红色图形，得到所需图形［图5-8（2）］。

（33）执行"窗口/泊坞窗/造形"命令，打开造形面板，选用步骤（31）中的红色图形作为来源对象，绿色图形作为目标对象，执行"相交"命令（不勾选"保留原始源对象"，勾选"保留原目标对象"），并调整好顺序，得到所需图形［图5-8（3）］。

（34）利用贝塞尔工具绘制出矩形，并调整矩形的所有角为圆角，得到所需图形［图5-9（1）］。

（35）按住Shift键进行复制，然后把图形放到图5-8（3）的图形上，得到所需图形［图5-9（2）］。

（36）执行"窗口/泊坞窗/造形"命令，打开造形面板，选用步骤（35）中的红色图形作为来源对象，黄色图形作为目标对象，执行"相交"命令（不勾选"保留原始源对象"，勾选"保留原目标对象"），填上颜色，绘制完成中长上衣的正面设计与表现所需图形［图5-9（3）］。

二、中长上衣的背面设计与表现

步骤

（1）复制图5-9（3）的全部图形，得到所需的图形［图5-10（1）］。

（2）删除掉不必要的图形与线条（要保持外轮廓前后一致），做水平镜像翻转，得到所需的图形［图5-10（2）］。

（3）利用形状工具，调整好所需图形形状位置，得到所需的图形［图5-10（3）］。

（4）利用贝塞尔工具绘制出红色图形［图5-11（1）］。

（5）执行"窗口/泊坞窗/造形"命令，打开造形面板，选用步骤（4）中的红色图形作为来源对象，黄色图形作为目标对象，执行"相交"命令（不勾选"保留原始源对象"，勾选"保留原目标对象"），得到所需图形［图5-11（2）］。

（6）选中图5-5（4）的全部图形，选择菜单中的"效果菜单/图框精确裁剪/置于图文框内"，对准步骤（5）中的黄色图形点击，并调整好位置，得到中长上衣的背面设计与表现所需图形［图5-11（3）］。

（1） （2） （3）

图5-10 中长上衣背面设计步骤一

（1） （2） （3）

图5-11 中长上衣背面设计步骤二

第二节 | 短款上衣的设计与表现

一、短款上衣的正面设计与表现

步骤

（1）利用矩形工具拖曳绘制出矩形形状，并填上颜色，得到所需图形［图5-12（1）］。

（2）把矩形转换为曲线，利用形状工具进行调节，得到所需图形［图5-12（2）］。

（3）利用贝塞尔工具绘制出红色图形，并填上颜色，得到所需图形［图5-12（3）］。

（4）利用贝塞尔工具绘制出红色图形，并填上颜色，得到所需图形［图5-12（4）］。

（5）执行菜单"对象/顺序/置于此对象后"命令，鼠标对准蓝色线物体点击，把红

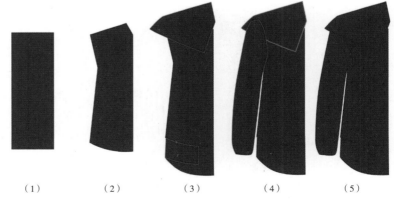

（1） （2） （3） （4） （5）

图5-12 短款上衣正面设计步骤一

色线图形放到蓝色图形后面，得到所需图形［图5-12（5）］。

（6）利用贝塞尔工具绘制出红色线图形，并填上颜色，得到所需图形［图5-13（1）］。

（7）执行菜单"对象/顺序/置于此对象后"命令，鼠标对准步骤（6）中得蓝色线物体点击，把红色线图形放到蓝色线图形后面，再利用贝塞尔工具绘制出红色图形，得到所需图形［图5-13（2）］。

（8）执行"窗口/泊坞窗/造形"命令，打开造形面板，选用步骤（7）中的红色线图形作为来源对象，蓝色线图形作为目标对象，执行"相交"命令（不勾选"保留原始源对象"，勾选"保留原目标对象"），得到所需图形［图5-13（3）］。

（9）利用贝塞尔工具绘制出红色和绿色图形，得到所需图形［图5-13（4）］。

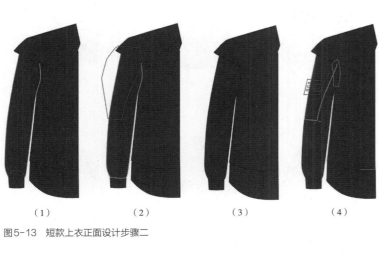

（1）　　　　（2）　　　　（3）　　　　（4）

图5-13　短款上衣正面设计步骤二

（1）　　　　（2）　　　　（3）　　　　（4）

图5-14　短款上衣正面设计步骤三

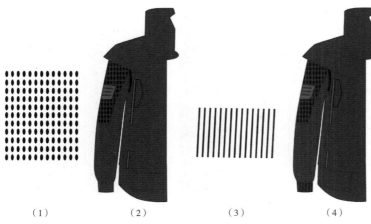

（1）　　　　（2）　　　　（3）　　　　（4）

图5-15　短款上衣正面设计步骤四

（10）执行"窗口/泊坞窗/造形"命令，打开造形面板，选用步骤（9）中的红色线图形作为来源对象，蓝色线图形作为目标对象，执行"相交"命令（不勾选"保留原始源对象"，勾选"保留原目标对象"）；另外，将步骤（9）中的绿色线图形作为来源对象，橙色线图形作为目标对象（不勾选"保留原始源对象"，勾选"保留原目标对象"），得到所需图形［图5-14（1）］。

（11）利用矩形工具绘制出矩形，并填上颜色，得到所需图形［图5-14（2）］。

（12）把步骤（11）中的红色线矩形转换为曲线，然后利用形状工具调整红色线图形，得到所需图形［图5-14（3）］。

（13）利用矩形工具绘制出红色线图形，并且填上颜色，得到所需图形［图5-14（4）］。

（14）按照第一节中的"中长上衣的正面设计与表现"的步骤（19）~（21）绘制［图5-5（2）~图5-5（4）］，得到所需图形［图5-15（1）］。

（15）选中步骤（14）的全部图形，执行菜单"对象/PowerClip（图框精确剪裁）/置于图文框内部"，对准步骤（13）的红色线图形点击，然后调整好位置，得到所需图形［图5-15（2）］。

（16）按照"中长上衣的正面设计与表现"的步骤（13）和步骤（14）绘制［图5-3（4）］、图5-4（1），得到所需图形［图5-15（3）］。

（17）选中步骤（16）的全部图形，执行菜单"对象/PowerClip（图框精确剪裁）/置于图文框内部"，对准步骤（15）中的红色线图形点击，然后调整好位置，得到所需图形［图5-15（4）］。

（18）全部选中步骤（17）的图形，按住Ctrl键做镜像复制并移动位置，得到所需图形［图5-16（1）］。

（19）执行"窗口/泊坞窗/造形"命令，打开造形面板，选用步骤（18）中的蓝色线图形作为来源对象，红色线图形作为目标对象，执行"焊接"命令（不勾选"保留原始源对象"和"保留原目标对象"），得到所需图形［图5-16（2）］。

（20）利用形状工具修改右边袖子，得到所需的图形［图5-16（3）］。

（21）利用矩形工具绘制出矩形并利用形状工具调整领子，得到所需图形［图5-16（4）］。

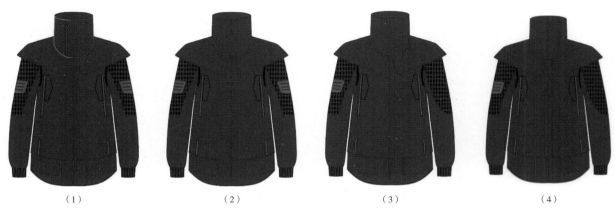

（1）　　　　　　　（2）　　　　　　　（3）　　　　　　　（4）

图5-16　短款上衣正面设计步骤五

（22）利用矩形工具拖曳绘制出矩形形状，然后选择属性栏上的"圆角"，设置圆角半径（本案例的值是"0.1cm"，勾选"同时编辑所有的角"），得到所需的图形［图5-17（1）］。

（23）利用贝塞尔工具绘制出直线，得到所需的图形［图5-17（2）］。

（24）选用变形工具对直线编辑，在属性栏上选"拉链变形"（本案例的拉链振幅值是"10"，拉链频率是"30"），再利用矩形工具拖曳绘制出矩形形状把拉链围住，得到所需的图形［图5-17（3）］。

（25）利用矩形工具拖曳绘制出矩形形状并利用贝塞尔工具绘制出不规则图形，得到所需图形［图5-18（1）］。

（26）执行"窗口/泊坞窗/造形"命令，打开造形面板，选用步骤（25）中的蓝色图形作为来源对象，红色图形作为目标对象，执行"修剪"命令（不勾选"保留原始源对象"和"保留目标对象"），得到所需图形［图5-18（2）］。

（27）选中步骤26的全部图形，按住Ctrl键做镜像复制并移动位置，得到所需图形［图5-18（3）］。

（1）　　（2）　　（3）

图5-17　短款上衣正面设计步骤六

（28）执行"窗口/泊坞窗/造形"命令，打开造形面板，选用步骤（27）中的蓝色图形作为来源对象，红色图形作为目标对象，执行"焊接"命令（不勾选"保留原始源对象"和"保留原目标对象"），得到所需图形［图5-18（4）］。

（29）利用矩形工具拖曳绘制出矩形形状，然后选择属性栏上的"圆角"，设置圆角半径（本案例的值是"0.1cm"，勾选"同时编辑所有的角"），填上颜色，得到所需的图形［图5-18（5）］。

（30）利用矩形工具拖曳绘制出矩形形状，得到所需图形［图5-18（6）］。

（31）把步骤（30）的图形放到步骤（24）的图形上，调整好位置，得到所需图形［图5-19（1）］。

（32）把步骤（31）的拉链放到步骤（21）的图形上，再修改下摆的颜色，得到短款上衣男装正面所需图形［图5-19（2）］。

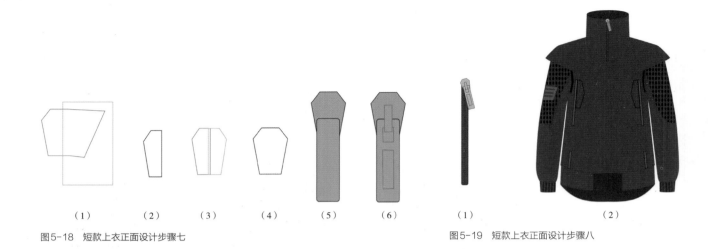

（1）　　　（2）　　　（3）　　　（4）　　　（5）　　　（6）　　　　　　　　　（1）　　　　　　　　　　（2）

图5-18　短款上衣正面设计步骤七　　　　　　　　　　　　　　　图5-19　短款上衣正面设计步骤八

二、短款上衣的背面设计与表现

步骤

（1）复制图5-19（2）的全部图形，删除掉不必要的图形与线条（要保持外轮廓前后一致），做水平镜像翻转，得到所需的图形［图5-20（1）］。

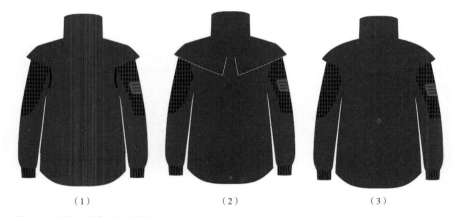

（2）执行"窗口/泊坞窗/造形"命令，打开造形面板，利用造形面板的焊接工具进行焊接，得到所需图形［图5-20（2）］。

（3）选中步骤（2）的黄色图形，调整好位置，执行"窗口/

（1）　　　　　　　　　（2）　　　　　　　　　（3）

图5-20　短款上衣背面设计步骤

泊坞窗/造形"命令，打开造形面板，利用造型面板的焊接工具进行焊接，得到短款上衣背面设计与表现所需图形［图5-20（3）］。

第三节 ｜ 摆边束身上衣的设计与表现

一、摆边束身上衣的正面设计与表现

步骤

（1）利用矩形工具拖曳绘制出矩形形状，并填上颜色，得到所需图形［图5-21（1）］。

（2）把矩形转换为曲线，利用形状工具进行调节，得到所需图形［图5-21（2）］。

（3）利用矩形工具拖曳绘制出红色矩形形状，利用贝塞尔工具进行绘制出绿色图形，得到所需图形［图5-21（3）］。

（4）执行"窗口/泊坞窗/造形"命令，打开造形面板，选用步骤（3）中的红色图形作为来源对象，蓝色图形作为目标对象，执行"相交"命令（不勾选"保留原始源对象"，勾选"保留原目标对象"）；再选用步骤（3）中的绿色图形，执行菜单"对象/顺序/到图层后面"命令，把步骤（3）中的绿色图形放到所有图形后面，得到所需图形［图5-21（4）］。

（5）利用贝塞尔工具绘制出红色和绿色图形，得到所需图形［图5-21（5）］。

（6）选用步骤（5）中的红色图形，执行菜单"对象/顺序/到图层后面"命令，把步骤（5）中的红色图形放到所有图形后面；再选用步骤（5）中的绿色图形，执行菜单"对象/顺序/到图层后面"命令，把步骤（5）中的绿色图形放到所有图形后面，得到所需图形［图5-22（1）］。

（7）利用矩形工具拖曳绘制出矩形形状，得到所需图形［图5-22（2）］。

（8）把矩形转换为曲线，利用形状工具进行调节，并填上颜色，得到所需图形［图5-22（3）］。

（9）把步骤8的图形放到步骤6的图形上，调制好顺序与位置，得到所需图形［图5-22（4）］。

（10）利用贝塞尔工具绘制出红色图形，得到所需图形［图5-22（5）］。

（11）执行"窗口/泊坞窗/造形"命令，打开造形面板，选用步骤（10）中的红色图形作为来源对象，蓝色图形作为目标对象，执行"相交"命令（不勾选"保留原始源对象"，勾选"保留原目标对象"），得到所需图形［图5-22（6）］。

（12）按照第一节中的"中长上衣的正面设计与表现"的步骤（19）到步骤（21）的步骤绘制［图5-5（2）~图5-5（4）］，得到所需图形［图5-23（1）］。

（13）选中步骤（12）的全部图形，执行菜单"对象/PowerClip（图框精确剪裁）/置于图文框内部"，对准步骤（11）中的红色图形点击，然后调整好位置，得到所需图形［图5-23（2）］。

（14）选中步骤（13）的全部图形，按住Ctrl做镜像复制并移动位置，得到所需图形［图5-23（3）］。

（15）利用矩形工具拖曳绘制出矩形形状［图5-24（1）］。

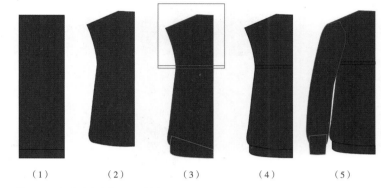

（1）　　　（2）　　　（3）　　　（4）　　　（5）

图5-21　摆边束身上衣正面设计步骤一

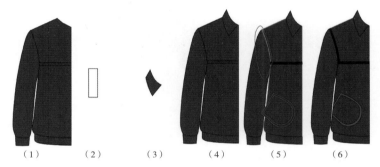

（1）　　　（2）　　　（3）　　　（4）　　（5）　　（6）

图5-22　摆边束身上衣正面设计步骤二

（1）　　　　　（2）　　　　　（3）

图5-23　摆边束身上衣正面设计步骤三

（16）选用红色矩形，调整属性栏上的圆角半径，得到所需图形［图5-24（2）］。

（17）选用步骤（16）中的红色图形，执行菜单"对象/顺序/置于此对象后"命令，把步骤（16）中的红色图形放到步骤（16）中的绿色领子后面，得到所需图形［图5-24（3）］。

（18）利用贝塞尔工具绘制出红色图形，得到所需图形［图5-25（1）］。

（19）选用步骤（18）中的红色图形，执行菜单"对象/顺序/到图层后面"命令，把步骤（18）中的红色图形放到所有图形后面，得到所需图形［图5-25（2）］。

（1）　　　　　　　　　　　（2）　　　　　　　　　　　（3）

图5-24　摆边束身上衣正面设计步骤四

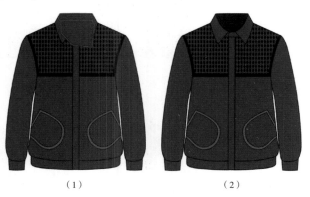

（1）　　　　　　　　　　　（2）

图5-25　摆边束身上衣正面设计步骤五

二、摆边束身上衣的背面设计与表现

步骤

（1）复制图5-25（2）的全部图形，得到所需的图形［图5-26（1）］。

（2）删除掉不必要的图形与线条（要保持外轮廓前后一致），得到所需的图形［图5-26（2）］。

（3）执行"窗口/泊坞窗/造形"命令，打开造形面板，利用造形面板的焊接工具进行焊接，得到所需图形［图5-26（3）］。

（1）　　　　　　　　　　　（2）　　　　　　　　　　　（3）

图5-26　摆边束身上衣背面设计步骤一

（4）利用贝塞尔工具绘制出红色图形，得到所需图形［图5-27（1）］。

（5）执行"窗口/泊坞窗/造形"命令，打开造形面板，选用步骤（4）中的红色图形作为来源对象，黄色图形作为目标对象，执行"相交"命令（不勾选"保留原始源对象"，勾选"保留原目标对象"）；再选用步骤（4）中的蓝色图形作为来源对象，绿色图形作为目标对象，执行"焊接"命令（不勾选"保留原始源对象"和"保留原目标对象"），得到所需图形［图5-27（2）］。

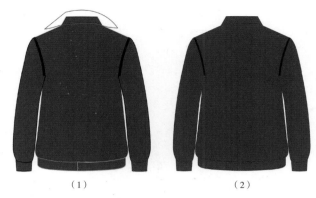

（1）　　　　　　　　　（2）

图5-27　摆边束身上衣背面设计步骤二

第四节 | 男士夹克的设计与表现

一、男士夹克的正面设计与表现

步骤

（1）利用矩形工具拖曳绘制出矩形形状，并填上颜色，得到所需图形［图5-28（1）］。

（2）选中矩形，执行转换为曲线，利用形状工具进行调节，得到所需图形［图5-28（2）］。

（3）利用贝塞尔工具绘制出红色线图形，并填上颜色，得到所需图形［图5-28（3）］。

（4）选用步骤（3）中的红色线图形，执行菜单"对象/顺序/到图层后面"命令，把红色图形放到所有图形后面，得到所需图形［图5-28（4）］。

（5）利用矩形工具拖曳绘制出矩形形状［图5-28（5）］。

（6）把矩形转换为曲线，利用形状工具进行调节，填上颜色，得到所需图形［图5-28（6）］。

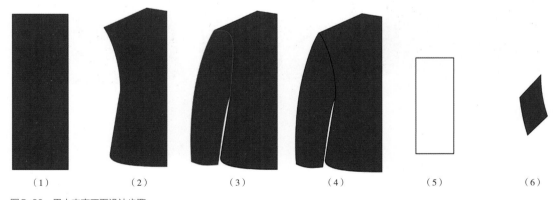

（1）　　　　（2）　　　　（3）　　　　（4）　　　　（5）　　　　（6）

图5-28　男士夹克正面设计步骤一

（7）利用贝塞尔工具绘制出红色图形，填上颜色，得到所需图形［图5-29（1）］。

（8）执行"窗口/泊坞窗/造形"命令，打开造形面板，选用步骤（7）中的红色图形作为来源对象，绿色图形作为目标对象，执行"相交"命令（不勾选"保留原始源对象"，勾选"保留原目标对象"），得到所需图形［图5-29（2）］。

（9）按照第二节中的"短款上衣正面设计与表现"的步骤（22）到步骤（32）的步骤绘制出拉链［图5-11（1）~图5-19（2）］，得到所需图形［图5-29（3）］。

（10）把步骤（9）的拉链放到步骤（8）的口袋上，利用贝塞尔工具绘制出红色线条，得到所需图形［图5-29（4）］。

（11）选中步骤（10）的全部图形，按住Ctrl键做镜像复制并移动位置，得到所需图形［图5-29（5）］。

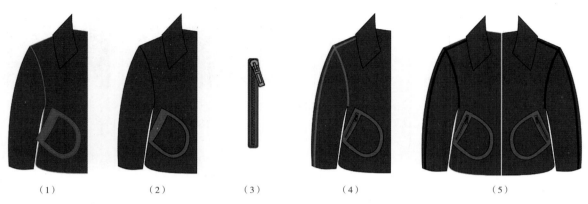

（1）　　　　　　（2）　　　　　　（3）　　　　　　（4）　　　　　　（5）

图5-29　男士夹克正面设计步骤二

（12）利用形状工具对步骤（11）中的红色图形进行调整，并用贝塞尔工具画出蓝色图形，得到所需图形［图5-30（1）］。

（13）利用贝塞尔工具绘制出红色图形，填上颜色，得到所需图形［图5-30（2）］。

（14）选用步骤（13）中的红色图形，执行菜单"对象/顺序/到图层后面"命令，把红色图形放到所有图形后面，得到所需图形［图5-30（3）］。

（1）　　　　　　　　　　（2）　　　　　　　　　　（3）

图5-30　男士夹克正面设计步骤三

二、男士夹克的背面设计与表现

步骤

（1）复制图5-30（3）的全部图形，得到所需图形［图5-31（1）］。

（2）删除掉不必要的图形，得到所需图形［图5-31（2）］。

（3）利用形状工具调整领子，得到所需图形［图5-31（3）］。

（4）执行"窗口/泊坞窗/造形"命令，打开造形面板，选用步骤（3）中的红色图形作为来源对象，蓝色图形作为目标对象，执行"焊接"命令（不勾选"保留原始源对象"和"保留原目标对象"），并用形状工具进行调整，得到所需图形［图5-32（1）］。

（5）利用贝塞尔工具绘制出红色图形，得到所需图形［图5-32（2）］。

（6）执行"窗口/泊坞窗/造形"命令，打开造形面板，选用步骤（5）中的红色图形作为来源对象，蓝色图形作为目标对象，执行"相交"命令（不勾选"保留原始源对象"，勾选"保留原目标对象"），并用形状工具进行调整，得到所需图形［图5-32（3）］。

（7）按照第一节中的"中长上衣的正面设计与表现"的步骤（19）到步骤（21）的步骤绘制［图5-5（2）~图5-5（4）］，得到所需图形［图5-33（1）］。

（8）选中步骤（7）的全部图形，执行菜单"对象/PowerClip（图框精确剪裁）/置于图文框内部"，对准步骤（6）中的红色图形点击，然后调整好位置，得到所需图形［图5-33（2）］。

（9）利用形状工具调整后摆正位置，再利用贝塞尔工具绘制出蓝色图形，得到所需图形［图5-33（3）］。

（1）　　　　　　　　　　　　（2）　　　　　　　　　　　　（3）

图5-31　男士夹克背面设计步骤一

（1）　　　　　　　　　　　　（2）　　　　　　　　　　　　（3）

图5-32　男士夹克背面设计步骤二

（1）　　　　　　　　　　　　（2）　　　　　　　　　　　　（3）

图5-33　男士夹克背面设计步骤三

第五节 ｜ 男士裤子的设计与表现

一、男士裤子的正面设计与表现

步骤

（1）利用矩形工具拖曳绘制出矩形形状，并填上颜色，得到所需图形［图5-34（1）］。

（2）把矩形转换为曲线，利用形状工具进行调节，得到所需图形［图5-34（2）］。

（3）利用贝塞尔工具绘制出红色图形［图5-34（3）］。

（4）执行"窗口/泊坞窗/造形"命令，打开造形面板，选用步骤（3）中的蓝色图形作为来源对象，红色图形作为目标对象，执行"相交"命令（勾选"保留原始源对象"，不勾选"保留原目标对象"），得到所需图形［图5-34（4）］。

（5）按照第一节中的"中长上衣的正面设计与表现"步骤（19）到步骤（21）的绘制方法［图5-5（2）～图5-5（4）］，得到所需图形［图5-34（5）］。

（6）选中步骤（5）的全部图形，选择菜单中的"效果菜单/图框精确裁剪/至于图文框内"，对准步骤（4）中的红色图形点击，然后调整好位置，得到所需图形［图5-35（1）］。

（7）按照第二节"短款上衣的正面设计与表现"中步骤（22）到步骤（31）的方法绘制拉链［图5-17（1）～图5-19（1）］，得到所需图形［图5-35（2）］。

（8）把步骤（7）的图形放到步骤（6）的图形上，调整好位置，再用贝塞尔工具画出红色图形，得到所需图形［图5-35（3）］。

（9）执行"窗口/泊坞窗/造形"命令，打开造形面板，选用步骤（8）中的红色图形作为来源对象，蓝色图形作为目标对象，执行"相交"命令（不勾选"保留原始源对象"，勾选"保留原目标对象"），并调整好顺序，得到所需图形［图5-35（4）］。

（10）按照第一节中的"中长上衣的正面设计与表现"步骤（13）到步骤（14）的绘制方法［图5-3（4）～图5-4（1）］，得到所需图形［图5-35（5）］。

（11）选中步骤（10）的全部图形，执行菜单"对象/PowerClip（图框精确剪裁）/置于图文框内部"命令，对准步骤（9）的红色图形点击，然后调整好位置，同时利用贝塞尔工具绘制出红色图形，得到所需图形［图5-36（1）］。

（12）执行"窗口/泊坞窗/造形"命令，打开造形面板，选用步骤（11）中的蓝色图形作为来源对象，红色图形作为目标对象，执行"相交"命令（勾选"保留原始源对象"，不勾选"保留原目标对象"），得到所需图形［图5-36（2）］。

（13）选中步骤（12）的全部图形，按住Ctrl做镜像复制并移动位置，得到所需图形［图5-36（3）］。

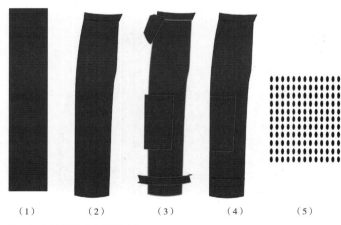

（1）　　　（2）　　　（3）　　　（4）　　　（5）

图5-34　男士裤子正面设计步骤一

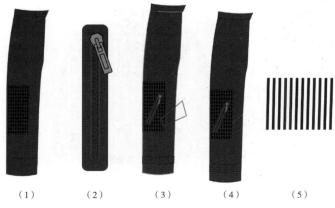

（1）　　　（2）　　　（3）　　　（4）　　　（5）

图5-35　男士裤子正面设计步骤二

（14）执行"窗口/泊坞窗/造形"命令，打开造形面板，选用步骤（13）中的蓝色图形作为来源对象，红色图形作为目标对象，执行"焊接"命令（不勾选"保留原始源对象"和"保留原目标对象"），得到所需图形［图5-36（4）］。

（15）利用贝塞尔工具绘制出门襟和腰头，填上颜色，得到所需的图形［图5-36（5）］。

（16）删除掉步骤（15）中的红色图形，得到所需图形［图5-37（1）］。

（17）全部选中步骤（10）的图形，执行菜单"对象/PowerClip（图框精确剪裁）/置于图文框内部"命令，对准步骤（16）中的红色图形点击，然后调整好位置，得到所需图形［图5-37（2）］。

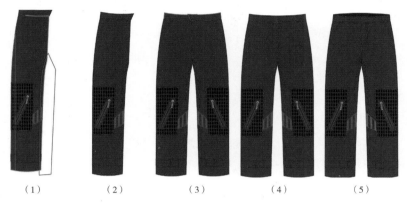

（1）　　　（2）　　　（3）　　　（4）　　　（5）

图5-36　男士裤子正面设计步骤三

（1）　　　　（2）

图5-37　男士裤子正面设计步骤四

二、男士裤子的背面设计与表现

步骤

（1）复制/粘贴图5-37（2）的全部图形，得到所需图形［图5-38（1）］。

（2）删除掉不必要的图形，得到所需图形［图5-38（2）］。

三、男士束脚裤的正面设计与表现

步骤

（1）　　　　（2）

图5-38　男士裤子背面设计步骤

（1）利用矩形工具拖曳绘制出矩形形状，得到所需图形［图5-39（1）］。

（2）把矩形转换为曲线，利用形状工具进行调节，得到所需图形［图5-39（2）］。

（3）填上颜色（注意图形的顺序），利用贝塞尔工具绘制出红色图形，得到所需图形［图5-39（3）］。

（4）利用贝塞尔工具绘制出蓝色线图形，得到所需图形［图5-39（4）］。

（5）执行"窗口/泊坞窗/造形"命令，打开造形面板，选用步骤（4）中的蓝色线图形作为来源对象，红色图形作为目标对象，执行"相交"命令（不勾选"保留原始源对象"，勾选"保留原目标对象"），得到所需图形［图5-39（5）］。

（6）按照第一节中的"中长上衣的正面设计与表现"的步骤（19）到步骤（21）绘制［图5-5（2）~图5-5（4）］图，得到所需图形［图5-40（1）］。

（7）选中步骤（6）的全部图形，执行菜单"对象/PowerClip（图框精确剪裁）/置于图文框内部"命令，对准步骤（5）中的红色图形点击，然后调整好位置，得到所需图形［图5-40（2）］。

（8）按照第二节中的"短款上衣的正面设计与表现"的步骤（22）到步骤（31）绘制出拉链［图5-17（1）~图5-19（1）］，得到所需图形［图5-40（3）］。

（9）把步骤（8）的拉链调整好位置放到步骤（7）的图形上，得到所需图形［图5-40（4）］。

（10）选中步骤（9）的全部图形，按住Ctrl键做镜像复制并移动位置，得到所需图形［图5-40（5）］。

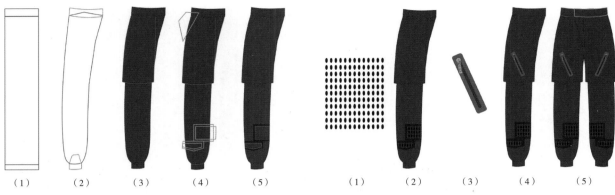

（1）　　　　（2）　　　　（3）　　　　（4）　　　　（5）　　　　　　　　　（1）　　　　（2）　　　　（3）　　　　（4）　　　　（5）

图5-39　男士束脚裤正面设计步骤一　　　　　　　　　　　　　　　图5-40　男士束脚裤正面设计步骤二

　　（11）执行"窗口/泊坞窗/造形"命令，打开造形面板，选用步骤（10）中的蓝色图形作为来源对象，红色图形作为目标对象，执行"焊接"命令（不勾选"保留原始源对象"和"保留原目标对象"）；按照步骤（4）到步骤（7）的方法绘制出红色图形，然后复制多一条拉链，放到所需位置，得到所需图形［图5-41（1）］。

　　（12）利用贝塞尔工具绘制出红色图形［图5-41（2）］。

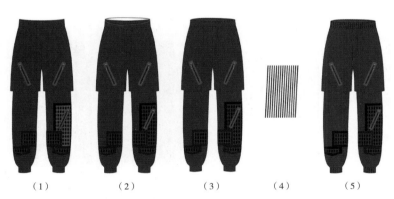

（1）　　　　　（2）　　　　　（3）　　　（4）　　　（5）

图5-41　男士束脚裤正面设计步骤三

　　（13）对步骤（12）中的红色图形填上颜色，执行菜单"对象/顺序/到图层后面"命令，把红色图形放到所有图形后面，得到所需图形［图5-41（3）］。

　　（14）按照第一节中的"中长上衣的正面设计与表现"的步骤（13）、步骤（14）绘制［图5-3（4）、图5-4（1）］，得到所需图形［图5-41（4）］。

　　（15）选中步骤（14）的全部图形，执行菜单"对象/PowerClip（图框精确剪裁）/置于图文框内部"命令，对准步骤（13）中的红色裤脚位置点击，然后调整好位置，得到所需图形［图5-41（5）］。

四、男士束脚裤的背面设计与表现

（1）　　　　　（2）

图5-42　男士束脚裤背面设计步骤

步骤

（1）复制/粘贴图5-41（5）的全部图形，得到所需图形得到［图5-42（1）］。

（2）删除掉不必要的图形，得到所需图形［图5-42（2）］。

小结　　在利用CorelDRAW进行服装设计时，只要款式变化不大，我们最好把前面设计好的款式当作模板，然后调整变形成为下一个款式，特别是在进行背面设计时，这样就可以节省大量时间，提高工作效率。

第六章

毛织的设计与表现

毛织服装属于针织服装的一个类型，与机织面料的经纬线组织结构不一样，毛织面料是以线圈为单位的组织结构，大多数以羊毛、羊绒、兔毛等各种动物纤维为主，在设计与制作方面有其特殊性，要注意线圈组织结构的变化。本系列以水墨为灵感，将灵动、自然、层次丰富、意趣横生的水墨样式转为服装设计图案的语言，将传统与潮流结合，让传统焕发出新的生机，令潮流有文化的滋养，从而使时尚"新新不停，生生相续"。在软件运用方面，本设计主要使用了 CorelDRAW 的贝塞尔工具和变换面板，当图形需要相同距离、不同数量的重复时，执行"窗口/泊坞窗/变换"命令，打开变换面板进行操作，相当快捷和方便，但当每个图形都不相同，或者距离不完全一样时，就只能手动调整图形。

第一节 ｜ 长款毛织的设计与表现

一、长款毛织的正面设计与表现

步骤

（1）利用矩形工具拖曳绘制出矩形形状，然后转换为曲线［图6-1（1）］。

（2）利用形状工具进行调节，得到所需图形［图6-1（2）］。

（3）利用贝塞尔工具绘制出红色图形［图6-1（3）］。

（4）执行"窗口/泊坞窗/造形/命令，打开造形面板，选用步骤（3）中的蓝色图形作为来源对象，红色图形作为目标对象，执行"修剪"命令（勾选"保留原始源对象"，不勾选"保留原目标对象"），得到所需图形［图6-1（4）］。

（5）利用矩形工具拖曳绘制出矩形形状，然后转换为曲线［图6-1（5）］。

（6）利用形状工具进行调节，得到所需图形［图6-1（6）］。

（7）利用矩形工具拖曳绘制出矩形形状［图6-1（7）］。

（8）执行"窗口/泊坞窗/造形"命令，打开造形面板，选用步骤（7）中的红色图形作为来源对象，蓝色图形作为目标对象，执行"修剪"命令（勾选"保留原始源对象"，不勾选"保留原目标对象"），再用形状工具调节领口，得到所需图形［图6-1（8）］。

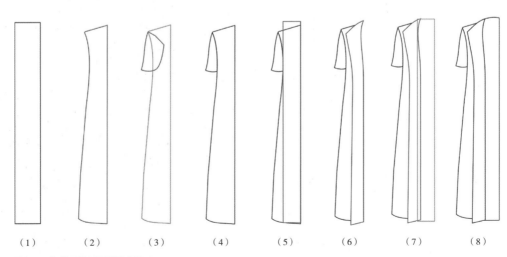

（1）　　（2）　　（3）　　（4）　　（5）　　（6）　　（7）　　（8）

图6-1　长款毛织正面设计步骤一

（9）利用贝塞尔工具绘制出所需形状［图6-2（1）］。

（10）通过复制和调整图形的大小，得到所需图形［图6-2（2）］。

（11）重复步骤（10）的操作，并把图形放到步骤（8）的袖子上面，得到所需图形［图6-2（3）］。

（12）利用矩形工具拖曳绘制出矩形形状并用贝塞尔工具绘制出所需形状，得到所需图形［图6-2（4）］。

（13）利用步骤（12）的方法并通过复制功能，得到所需图形［图6-2（5）］。

（14）利用贝塞尔工具绘制出所需形状［图6-3（1）］。

（15）选择阴影工具，通过拖曳绘制出所需的投影形状［图6-3（2）］。

（16）选中阴影，点击鼠标右键，选择拆分阴影，得到所需图形［图6-3（3）］。

（17）重复步骤（15）的操作，两次阴影的位置稍微移动错开，设置工具属性栏的透明度值为"50"，得到所需图形［图6-3（4）］。

（18）选中阴影，点击鼠标右键，选择拆分阴影，然后复制图形、调整大小，得到所需图形［图6-4（1）］。

（19）利用矩形工具拖曳绘制出矩形形状，填上颜色，执行菜单"对象/顺序/到图层后面"命令，把图形放到最后面，得到所需图形［图6-4（2）］。

（20）选中步骤（19）的全部图形，执行菜单"对象/PowerClip（图框精确剪裁）/置于图文框内部"命令，对准步骤（11）的衣身前片图形点击，然后调整好位置，得到所需图形［图6-4（3）］。

（21）选中步骤（20）的全部图形，按住Ctrl键做镜像复制，得到所需图形［图6-4（4）］。

（22）调整好步骤（21）中图形的位置，选用步骤（21）中的红色图形作为来源对象，蓝色图形作为目标对象，执行"焊接"命令（不勾选"保留原始源对象"和"保留原目标对象"），得到所需图形［图6-5（1）］。

（23）选中步骤（19）的全部图形，执行菜单"对象/PowerClip（图框精确剪裁）/置于图文框内部"命令，对准步骤（22）中的空白图形点击，然后调整好位置，得到所需图形［图6-5（2）］。

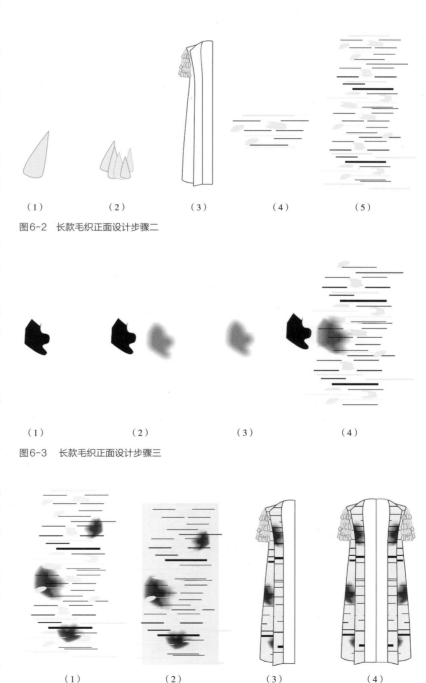

（1）　　　（2）　　　（3）　　　（4）　　　（5）

图6-2　长款毛织正面设计步骤二

（1）　　　（2）　　　（3）　　　（4）

图6-3　长款毛织正面设计步骤三

（1）　　　（2）　　　（3）　　　（4）

图6-4　长款毛织正面设计步骤四

（24）选中步骤（23）中的红色图形，复制粘贴，填上黑色，得到所需图形［图6-5（3）］。

（25）选中步骤（24）中的红色图形，再选择透明度工具，在工具属性栏上透明度类型选择"标准"，透明度的值设置为"50"，然后调整好顺序，完成正面图形［图6-5（4）］。

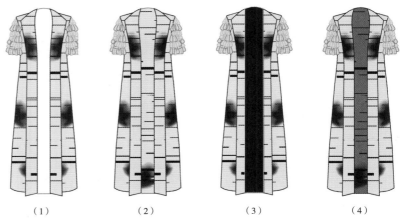

（1）   （2）   （3）   （4）

图6-5　长款毛织正面设计步骤五

二、长款毛织的背面设计与表现

`步骤`

（1）复制图6-5（4）的全部图形，得到所需的图形［图6-6（1）］。

（2）删除不必要的图形（要保持外轮廓前后一致），得到所需的图形［图6-6（2）］。

（3）执行"窗口/泊坞窗/造形"命令，打开造形面板，选用步骤（2）中的蓝色图形作为来源对象，红色图形作为目标对象，执行"焊接"命令（不勾选"保留原始源对象"和"保留原目标对象"），得到所需图形［图6-6（3）］。

（4）利用形状工具进行调整，得到所需的图形［图6-6（4）］。

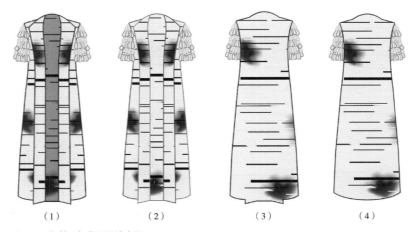

（1）   （2）   （3）   （4）

图6-6　长款毛织背面设计步骤

第二节 ｜ 无袖长款毛织的设计与表现

一、无袖长款毛织的正面设计与表现

`步骤`

（1）利用矩形工具拖曳绘制出矩形形状，然后转换为曲线［图6-7（1）］。

（2）利用形状工具进行调节，得到所需图形［图6-7（2）］。

（3）利用椭圆形工具拖曳绘制出两个不同大小的同心圆形状并利用贝塞尔工具绘制出红色的所需图形［图6-7（3）］。

（4）执行"窗口/泊坞窗/造形"命令，打开造形面板，选用步骤（3）中的红色圆形作为来源对象，蓝色圆形作为目标对象，执行"修剪"命令（不勾选"保留原始源对象"和"保留原目标对象"），得到所需图像；然后选用步骤（3）中的黑色图形作为来源对象，蓝色图形作为目标对象，执行"相交"命令（勾选"保留原始源对象"，不勾选"保留原目标对象"），并画上衣纹，得到所需图形［图6-7（4）］。

（5）利用贝塞尔工具绘制出直线［图6-7（5）］。

（6）选中步骤（5）的直线作为对象，执行"窗口/泊坞窗/变换/位置"命令，打开变换面板，在Y栏上输入对应的数值（本案例的值是"0.9cm"），相对位置"中上"，副本为"1"，然后多次点击应用，得到所需图形［图6-7（6）］。

（7）利用贝塞尔工具绘制出直线［图6-8（1）］。

（8）选中步骤（5）中的直线作为对象，执行"窗口/泊坞窗/变换/旋转"命令，打开变换面板，在旋转角度上输入对应的数值

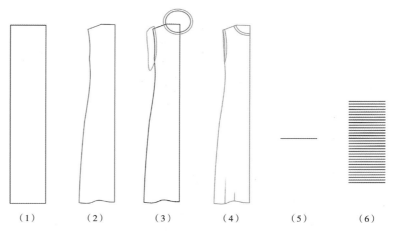

图6-7 无袖长款毛织正面设计步骤一

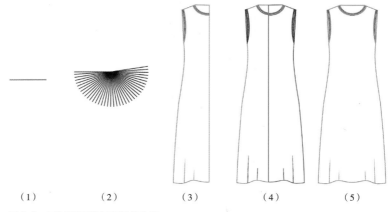

图6-8 无袖长款毛织正面设计步骤二

（本案例的值是"5度"），副本为"1"，然后多次点击应用，得到所需图形［图6-8（2）］。

（9）选中步骤（6）中的图形，执行菜单"对象/PowerClip（图框精确剪裁）/置于图文框内部"命令，对准步骤（4）中的肩口图形点击，然后调整好位置；选中步骤（8）中的图形，执行菜单"对象/PowerClip（图框精确剪裁）/置于图文框内部"命令，对准步骤（4）中的领口图形点击，然后调整好位置，得到所需图形［图6-8（3）］。

（10）选中步骤（9）的全部图形，按住Ctrl键做镜像复制，得到所需图形［图6-8（4）］。

（11）调整好步骤（10）中的图形位置，选用步骤（10）中的红色图形作为来源对象，蓝色图形作为目标对象，执行"焊接"命令（不勾选"保留原始源对象"和"保留原目标对象"）；选用步骤（10）中的绿色图形作为来源对象，紫色图形作为目标对象，执行"焊接"命令（不勾选"保留原始源对象"和"保留原目标对象"），得到所需图形［图6-8（5）］。

（12）利用贝塞尔工具绘制出椭圆形形状［图6-9（1）］。

（13）然后复制椭圆形，把两列的椭圆形错开位置，得到所需图形［图6-9（2）］。

（14）选中步骤（13）的全部椭圆形作为对象，执行"窗口/泊坞窗/变换"命令，打开变换面板，在X栏上输入对应的数值（本案例的值是"0.22cm"），相对位置"右中"，副本为"1"，然后多次点击应用，得到所需图形［图6-9（3）］。

（15）利用贝塞尔工具绘制出一条直线［图6-9（4）］。

（16）选择步骤（15）的直线，选择变形工具，在工具属性栏上执行"拉链变形"命令，在"拉链涨幅"和"拉链频率"上输入相对应的数值（本案例涨幅的值是"20"，拉链频率的值是"15"），得到所需的图形［图6-9（5）］。

（17）按照步骤（14）的方法，得出所需的图形［图6-9（6）］。

（18）选中步骤（17）的全部图形进行组合（Ctrl+G组合键），按照步骤（14）的方法，得到所需的图形［图6-9（7）］。

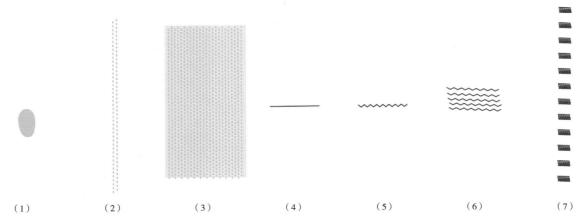

（1）　　　（2）　　　（3）　　　（4）　　　（5）　　　（6）　　　（7）

图6-9　无袖长款毛织正面设计步骤三

（19）利用矩形工具拖曳绘制出矩形形状，然后选择属性栏上的"倒棱角"，设置圆角半径（本案例的值是"0.09cm"，选上"同时编辑所有的角"），得到所需的图形［图6-10（1）］。

（20）复制步骤（19）的倒棱角图形并粘贴，调整距离，得出所需的图形［图6-10（2）］。

（21）选择混和工具，利用鼠标点击步骤（20）中的红色图形，然后拖拉到步骤（20）中的蓝色图形，松开鼠标（注意调整属性栏上面的"调和对象"数量值，会得到不同结果，本案例的值是"13"），得到所需图形［图6-10（3）］。

（22）把步骤（21）的全部图形和步骤（18）的图形全部组合一起，得到所需图形［图6-10（4）］。

（23）把步骤（22）的全部图形进行多次复制、粘贴［也可以按照步骤（14）的操作］，然后再变换45°角度，得到所需图形［图6-11（1）］。

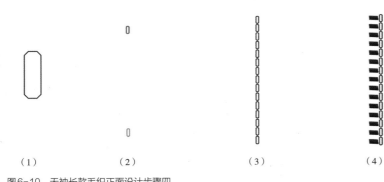

（1）　　　　（2）　　　　（3）　　　　（4）

图6-10　无袖长款毛织正面设计步骤四

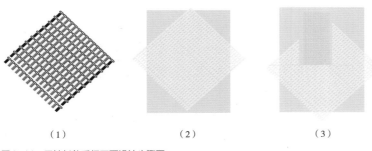

（1）　　　　　（2）　　　　　（3）

图6-11　无袖长款毛织正面设计步骤五

（24）绘制矩形，然后放到步骤（23）的全部图形后面，填上所需颜色，得到所需图形［图6-11（2）］。

（25）把步骤（14）的全部图形与步骤（24）的全部图形组合一起，得到所需的图形［图6-11（3）］。

（26）选中步骤（25）的全部图形，执行菜单"对象/PowerClip（图框精确剪裁）/置于图文框内部"命令，对准步骤（11）的图形点击，然后调整好位置，得到所需图形［图6-12（1）］。

（27）利用贝塞尔工具绘制出红色图形［图6-12（2）］。

（28）选中步骤（27）中的红色图形，改变为黑色，再选择透明度工具，在工具属性栏上的透明度类型选择"标准"，透明度的值设置为"50"，然后调整好顺序，得到所需图形［图6-12（3）］。

二、无袖长款毛织的背面设计与表现

步骤

（1）复制图6-12（3）的全部图形，得到所需的图形［图6-13（1）］。

（2）删除领子位置不必要的图形（要保持外轮廓前后一致），得到所需的图形［图6-13（2）］。

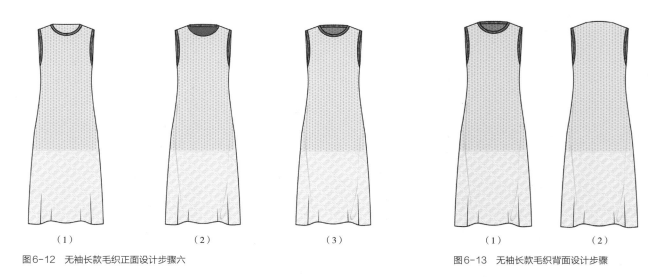

（1）　　　　　（2）　　　　　（3）

图6-12　无袖长款毛织正面设计步骤六

（1）　　　　　（2）

图6-13　无袖长款毛织背面设计步骤

第三节 | 高领毛织的设计与表现

一、高领毛织的正面设计与表现

步骤

（1）利用矩形工具拖曳绘制出矩形形状，然后转换为曲线［图6-14（1）］。

（2）利用形状工具进行调节，得到所需图形［图6-14（2）］。

（3）利用矩形工具拖曳绘制出矩形形状，然后转换为曲线［图6-14（3）］。

（4）利用形状工具进行调节，得到所需图形［图6-14（4）］。

（5）执行"窗口/泊坞窗/造形"命令，打开造形面板，选用步骤（4）中的蓝色图形作为来源对象，红色图形作为目标对象，执行"修剪"命令（勾选"保留原始源对象"，不勾选"保留原目标对象"），得到所需图形［图6-14（5）］。

（6）用贝塞尔工具画上袖子的衣纹，选中步骤（5）的全部图形，按住Ctrl键做镜像复制，得到所需图形［图6-15（1）］。

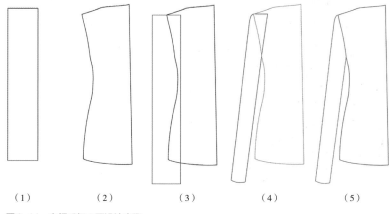

（1）　　（2）　　（3）　　（4）　　（5）

图6-14　高领毛织正面设计步骤一

（7）选中步骤（6）中的红色部分图形，水平移动，得到所需图形［图6-15（2）］。

（8）选用步骤（7）中的红色图形作为来源对象，蓝色图形作为目标对象，执行"焊接"命令（不勾选"保留原始源对象"和"保留原目标对象"），得到所需图形［图6-15（3）］。

（9）利用贝塞尔工具绘制出领子（注意领子的外轮廓要闭合）［图6-16（1）］。

（10）把步骤（9）中的领子放到步骤（8）的图形上，填上白色，调整好位置，得到所需图形［图6-16（2）］。

（11）选中步骤（10）中的红色图形，选择交互式填充工具，在属性栏上执行"底纹填充/样品/闪长岩"命令，颜色按照自己喜好的挑选（本案例的颜色值是第一矿物：R77、G77、B77，第二矿物：R128、G128、B128，第三矿物：R0、G51、B51）［图6-16（3）］，填充后得到所需图形［图6-16（4）］。

（12）按照步骤（11）的操作，继续填充，并选择贝塞尔工具，画上衣纹，得到所需图形［图6-17（1）］。

（13）利用贝塞尔工具绘制出曲线［图6-17（2）］。

（14）水平复制步骤（13）的曲线，得到所需图形［图6-17（3）］。

（15）选中步骤（14）的全部曲线，垂直移动复制两次（快捷复制方式是按住Ctrl键，垂直移动，再按住鼠标左键将对象拖曳到所需位置，然后单击右键再松开鼠标左键），得到所需图形［图6-17（4）］。

（16）利用形状工具编辑步骤（15）中的红色曲线，得到所需图形［图6-17（5）］。

（17）删除掉步骤（16）中的红色曲线，得到所需图形（这几个步骤的操作主要是设计一个二方连续图形的基本形）［图6-17（6）］。

（18）按住Ctrl键，垂直移动，复制步骤（17）的全部曲线（注意复制后的曲线与前面的曲线能刚好连接一起），得到所需图形

（1）　　　　　　　　（2）　　　　　　　　（3）

图6-15　高领毛织正面设计步骤二

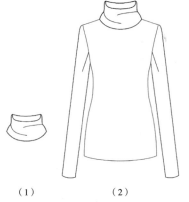 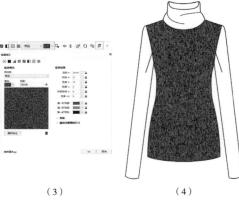 

（1）　　　（2）　　　　　　　（3）　　　　　　　（4）

图6-16　高领毛织正面设计步骤三

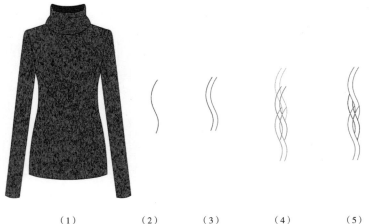

（1）　　　　　（2）　　　（3）　　　（4）　　　（5）　　　（6）

图6-17　高领毛织正面设计步骤四

[图6-18（1）]。

（19）选中步骤（18）的全部曲线，复制并多次粘贴，得到所需图形（此处可以执行"窗口/泊坞窗/变换/位置"命令，打开变换面板，分别在X栏或Y栏上输入对应的数值来处理）[图6-18（2）]。

（20）按照步骤（19）的方法，复制并多次粘贴，得到所需图形[图6-18（3）]。

（21）选中步骤（20）的全部图形，执行菜单"对象/PowerClip（图框精确剪裁）/置于图文框内部"命令，对准步骤（12）的衣服图形点击，然后调整好位置，完成正面设计[图6-18（4）]。

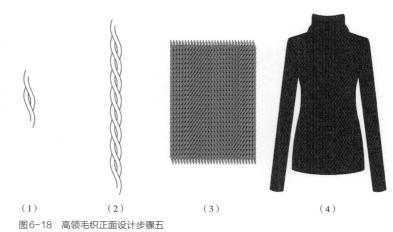

（1） （2） （3） （4）

图6-18 高领毛织正面设计步骤五

二、高领毛织的背面设计与表现

步骤

（1）复制图6-18（4）的全部图形，得到所需图形[图6-19（1）]。

（2）删除领子位置不必要的图形（要保持外轮廓前后一致），得到所需的图形[图6-19（2）]。

（1） （2）

图6-19 高领毛织背面设计步骤

第四节 | 翅膀毛织上衣的设计与表现

一、翅膀毛织上衣的正面设计与表现

步骤

（1）利用矩形工具拖曳绘制出矩形形状，然后转换为曲线[图6-20（1）]。

（2）利用形状工具进行调节，得到所需图形[图6-20（2）]。

（3）利用矩形工具拖曳绘制出矩形形状，然后转换为曲线[图6-20（3）]。

（4）利用形状工具进行调节，得到所需图形[图6-20（4）]。

（5）执行"窗口/泊坞窗/造形"命令，打开造形面板，选用步骤（4）中的蓝色图

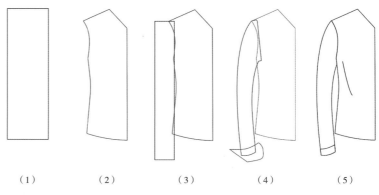

（1） （2） （3） （4） （5）

图6-20 翅膀毛织上衣正面设计步骤一

形作为来源对象，红色图形作为目标对象，执行"修剪"命令（勾选"保留原始源对象"，不勾选"保留原目标对象"）；选用步骤（4）中的绿色图形作为来源对象，红色图形作为目标对象，执行"相交"命令（不勾选"保留原始源对象"，勾选"保留原目标对象"），得到所需图形［图6-20（5）］。

（6）利用贝塞尔工具绘制出直线［图6-21（1）］。

（7）按住Ctrl键，利用鼠标拖曳步骤（6）的直线条水平移动一定距离，然后单击右键再松开鼠标左键进行复制，接着按Ctrl+D组合键进行水平等距离复制，得到所需图形［图6-21（2）］。

（8）选中步骤（7）的全部图形，执行菜单"对象/PowerClip（图框精确剪裁）/置于图文框内部"命令，对准步骤（5）的袖口位置点击，调整好位置，得到所需图形［图6-21（3）］。

（9）利用贝塞尔工具绘制出图形，填上颜色［图6-21（4）］。

（10）选中步骤（9）的图形，然后复制粘贴，调整位置，得到所需图形［图6-21（5）］。

（11）按照步骤（10）的方法绘制，调整好顺序，填上颜色，再把绘制好的图形放在步骤（8）的图形的肩和手臂位置，得到所需图形［图6-21（6）］。

（12）选中步骤（11）的全部图形，按住Ctrl键做镜像复制，调整位置，得到所需图形［图6-22（1）］。

（13）利用贝塞尔工具绘制出图形［图6-22（2）］。

（14）选用步骤（13）中的红色图形作为来源对象，蓝色图形作为目标对象，执行"修剪"命令（不勾选"保留原始源对象"和"保留原目标对象"），得到所需图形［图6-22（3）］。

（15）利用贝塞尔工具绘制出红色图形［图6-22（4）］。

（16）选用步骤（15）中的红色图形作为来源对象，蓝色图形作为目标对象，执行"修剪"命令（不勾选"保留原始源对象"和"保留原目标对象"），得到所需图形［图6-23（1）］。

（17）利用贝塞尔工具和矩形工具绘制出图形［图6-23（2）］。

（18）选用步骤（17）的红色图形作为来源对象，蓝色图形作为目标对象，执行"修剪"命令（不勾选"保留原始源对象"和"保留原目标对象"），得到所需图形［图6-23（3）］。

（19）全部选中步骤（18）的图形，按住ctrl键做镜像复制，调整位置，得到所需图形［图6-23（4）］。

（20）选用步骤（19）中红色的

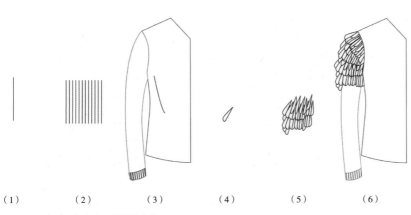

（1）　　　　（2）　　　　（3）　　　　（4）　　　　（5）　　　　（6）

图6-21　翅膀毛织上衣正面设计步骤二

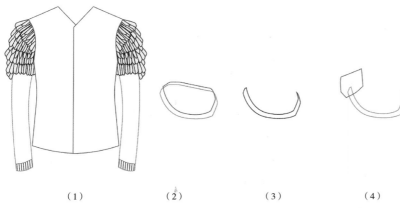

（1）　　　　　　（2）　　　　　　（3）　　　　　　（4）

图6-22　翅膀毛织上衣正面设计步骤三

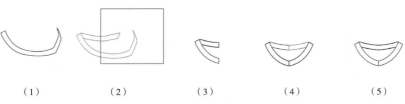

（1）　　　　　（2）　　　　　（3）　　　　　（4）　　　　　（5）

图6-23　翅膀毛织上衣正面设计步骤四

图形作为来源对象，蓝色图形作为目标对象，执行"焊接"命令（不勾选"保留原始源对象"和"保留原目标对象"），得到所需图形［图6-23（5）］。

（21）选中步骤（20）全部的图形，放到步骤（12）的图形上，调整位置，得到所需图形［图6-24（1）］。

（22）选用步骤（21）中的红色图形作为来源对象，蓝色图形作为目标对象，执行"焊接"命令（不勾选"保留原始源对象"和"保留原目标对象"），得到所需图形［图6-24（2）］。

（23）按照步骤（6）、步骤（7）的绘制方法进行绘制，调整好颜色，得到所需图形［图6-24（3）］。

（24）选中步骤（23）的全部图形，执行菜单"对象/PowerClip（图框精确剪裁）/置于图文框内部"命令，对准步骤（22）的图形点击，然后调整好位置，得到所需图形［图6-25（1）］。

（25）在领口的位置用贝塞尔工具绘制出图形，填上颜色，得到所需图形［图6-25（2）］。

（26）选中步骤（25）中的红色图形，改变为黑色，再选择透明度工具，在工具属性栏上的透明度类型选择"标准"，透明度的值设置为"50"，调整好顺序，得到所需图形［图6-25（3）］。

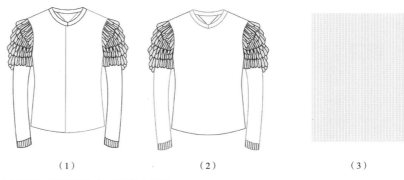

（1） （2） （3）

图6-24 翅膀毛织上衣正面设计步骤五

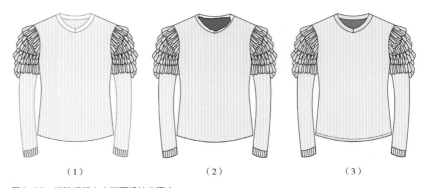

（1） （2） （3）

图6-25 翅膀毛织上衣正面设计步骤六

二、翅膀毛织上衣的背面设计与表现

步骤

（1）复制图6-25（3）的全部图形，得到所需的图形［图6-26（1）］。

（2）删除不必要的图形（要保持外轮廓前后一致），调整好领子，得到所需的图形［图6-26（2）］。

（1） （2）

图6-26 翅膀毛织上衣背面设计步骤

第五节 ｜ 无袖短款毛织上衣的设计与表现

一、无袖短款毛织上衣的正面设计与表现

步骤

（1）利用矩形工具拖曳绘制出矩形形状，然后转换为曲线［图6-27（1）］。

（2）利用形状工具进行调节，得到所需图形［图6-27（2）］。

（3）利用贝塞尔工具绘制，得到所需图形［图6-27（3）］。

（4）执行"窗口/泊坞窗/造形"命令，打开造形面板，选用步骤（3）的蓝色图形作为来源对象，红色图形作为目标对象，执行"修剪"命令（勾选"保留原始源对象"，不勾选"保留原目标对象"），得到所需图形［图6-27（4）］。

（5）选中步骤（4）的全部图形，按住Ctrl键做镜像复制，得到所需图形［图6-27（5）］。

（6）调整好位置，选用步骤（5）中的红色图形作为来源对象，蓝色图形作为目标对象，执行"焊接"命令（不勾选"保留原始源对象"和"保留原目标对象"），得到所需图形［图6-28（1）］。

（7）按照第四节"翅膀毛织上衣的正面设计与表现"的步骤（13）到步骤（20）的领子绘制方法进行绘制［图6-22（2）~图6-23（5）］，得到所需图形［图6-28（2）］。

（8）利用贝塞尔工具画出线条，并改变为虚线，得到所需图形［图6-28（3）］。

（9）利用椭圆形工具画出圆形，得到所需图形［图6-28（4）］。

（10）按照第二节"无袖长款毛织的正面设计与表现"的步骤（12）到步骤（14）的方法绘制［图6-9（1）~图6-9（3）］，得到所需图形［图6-29（1）］。

（11）利用椭圆形工具绘制，得到所需图形［图6-29（2）］。

（12）按照"无袖长款毛织的正面设计与表现"的步骤（12）到步骤（14）的方法绘制［图6-9（1）~图6-9（3）］，得到所需图形［图6-29（3）］。

（13）把步骤（10）的图形和步骤（12）的图形组合，得到所需图形［图6-29（4）］。

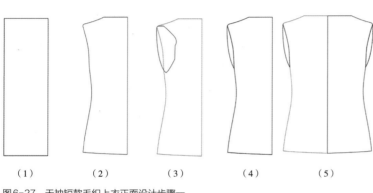

（1）　　　（2）　　　（3）　　　（4）　　　（5）

图6-27　无袖短款毛织上衣正面设计步骤一

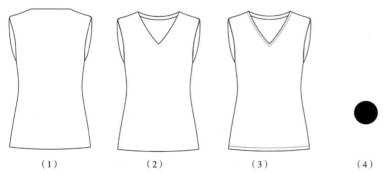

（1）　　　　　（2）　　　　　（3）　　　（4）

图6-28　无袖短款毛织上衣正面设计步骤二

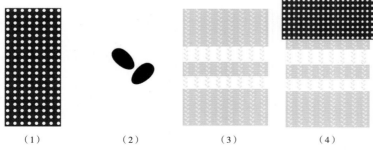

（1）　　　　（2）　　　　（3）　　　　（4）

图6-29　无袖短款毛织上衣正面设计步骤三

（14）选中步骤（13）的全部图形，执行菜单"对象/PowerClip（图框精确剪裁）/置于图文框内部"命令，对准步骤（8）的图形点击，然后调整好位置，得到所需图形（图6-30）。

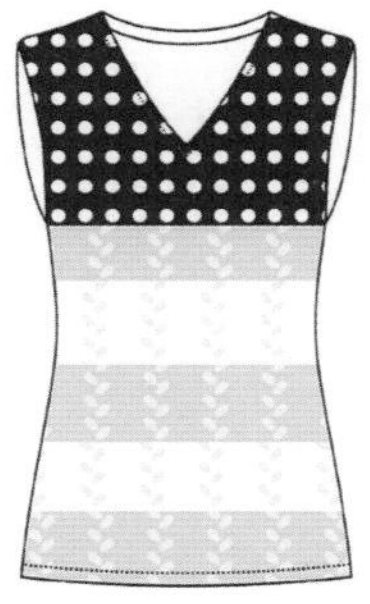

二、无袖短款毛织上衣的背面设计与表现

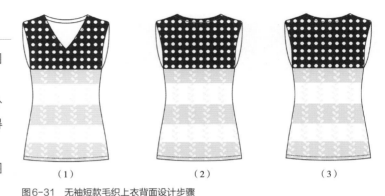

图6-30　无袖短款毛织上衣正面设计完成效果

> 步骤

（1）复制图6-30的全部图形，得到所需图形［图6-31（1）］。

（2）删除领子部位不必要的图形（要保持外轮廓前后一致），利用贝塞尔工具画出线条，得到所需图形［图6-31（2）］。

（3）改变领口的线条为虚线，得到所需的图形［图6-31（3）］。

（1）　　　　　　　　（2）　　　　　　　　（3）

图6-31　无袖短款毛织上衣背面设计步骤

第六节 | 毛织裙子的设计与表现

一、毛织裙子的正面设计与表现

> 步骤

（1）利用矩形工具拖曳绘制出矩形形状，然后转换为曲线［图6-32（1）］。

（2）利用形状工具进行调节，得到所需图形［图6-32（2）］。

（3）执行"窗口/泊坞窗/造形"命令，打开造形面板，选用步骤（2）的蓝色图形作为来源对象，红色图形作为目标对象，执行"修剪"命令（勾选"保留原始源对象"，不勾选"保留原目标对象"），得到所需图形［图6-32（3）］。

（4）利用贝塞工具绘制出衣纹，得到所需图形［图6-32（4）］。

（5）利用矩形工具拖曳绘制出矩形形状［图6-33（1）］。

（6）调整好位置，选用步骤（5）中的红色图形作为来源对象，蓝色图形作为目标对象，执行"修剪"命令（不勾选"保留原始源对象"和"保留原目标对象"），得到所需图形［图6-33（2）］。

（7）选中步骤（6）的全部图形，按住Ctrl

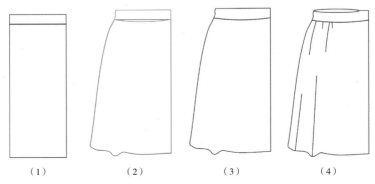

（1）　　　　　（2）　　　　　（3）　　　　　（4）

图6-32　毛织裙子正面设计步骤一

键做镜像复制，得到所需图形［图6-33（3）］。

（8）调整好位置，选用步骤（7）中的红色图形作为来源对象，蓝色图形作为目标对象，执行"焊接"命令（不勾选"保留原始源对象"和"保留原目标对象"）；并按照第二节"无袖长款毛织的正面设计与表现"的步骤（5）到步骤（10）的方法进行绘制［图6-7（5）~图6-8（4）］，得到所需图形［图6-33（4）］。

（9）利用椭圆形工具画出圆形，得到所需图形［图6-34（1）］。

（10）选择混合工具［图6-34（2）］，利用鼠标点击步骤（9）中的红色图形，然后拖拉到步骤（9）中的蓝色图形，松开鼠标（注意调整属性栏上面的"调和对象"数量值，会得到不同结果，本案例的值是"2"），得到所需图形［图6-34（3）］。

（11）利用矩形工具拖曳绘制出矩形形状，得到所需图形［图6-34（4）］。

（12）按照步骤（9）到步骤（11）的方法绘制，得到所需图形［图6-35（1）］。

（13）把步骤（11）和步骤（12）的图形组合，得到所需图形［图6-35（2）］。

（14）按照第二节"无袖长款毛织的正面设计与表现"的步骤（12）到步骤（14）的方法进行绘制［图6-9（1）~图6-9（3）］，得到所需图形［图6-35（3）］。

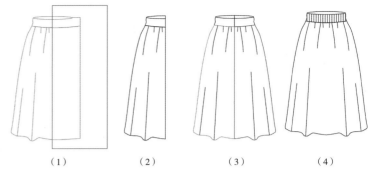

图6-33　毛织裙子正面设计步骤二

（1）　　　　（2）　　　　（3）　　　　（4）

图6-34　毛织裙子正面设计步骤三

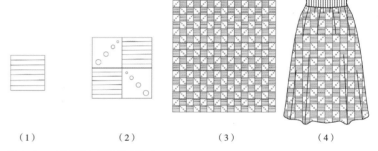

（1）　　　　（2）　　　　（3）　　　　（4）

图6-35　毛织裙子正面设计步骤四

（15）选中步骤（14）的全部图形，执行菜单"对象/PowerClip（图框精确剪裁）/置于图文框内部"命令，对准步骤（8）的裙子点击，然后调整好位置，得到所需图形［图6-35（4）］。

二、毛织裙子的背面设计与表现

步骤

（1）复制图6-35（4）的全部图形，得到所需图形［图6-36（1）］。

（2）选择步骤（1）的红色图形作为来源对象，蓝色图形作为目标对象，执行"焊接"命令（不勾选"保留原始源对象"和"保留原目标对象"），得到所需图形［图6-36（2）］。

（3）利用形状工具调整腰头的线条，得到所需的图形［图6-36（3）］。

（1）　　　　　　（2）　　　　　　（3）

图6-36　毛织裙子背面设计步骤

第七节 | 毛织裤子的设计与表现

一、毛织裤子的正面设计与表现

步骤

（1）利用矩形工具拖曳绘制出矩形形状，然后转换为曲线［图6-37（1）］。

（2）利用形状工具进行调节，得到所需图形［图6-37（2）］。

（3）执行"窗口/泊坞窗/造形"命令，打开造形面板，选用步骤（2）的蓝色图形作为来源对象，红色图形作为目标对象，执行"修剪"命令（勾选"保留原始源对象"，不勾选"保留原目标对象"），得到所需图形［图6-37（3）］。

（4）利用贝塞工具绘制出腰头和口袋，得到所需图形［图6-37（4）］。

（5）利用矩形工具拖曳绘制出矩形形状［图6-37（5）］。

（6）调整好位置，选用步骤（5）中的红色图形作为来源对象，蓝色图形作为目标对象，执行"修剪"命令（不勾选"保留原始源对象"和"保留原目标对象"），得到所需图形［图6-38（1）］。

（7）选中步骤（6）的全部图形，按住Ctrl键做镜像复制，得到所需图形［图6-38（2）］。

（8）调整好位置，选用步骤中的（7）红色图形作为来源对象，蓝色图形作为目标对象，执行"焊接"命令（不勾选"保留原始源对象"和"保留原目标对象"），得到所需图形［图6-38（3）］。

（9）按照第二节"无袖长款毛织的正面设计与表现"的步骤（15）到步骤（10）的方法进行绘制［图6-7（5）~图6-8（4）］，并用贝塞尔工具绘制出门襟和衣纹，得到所需图形［图6-38（4）］。

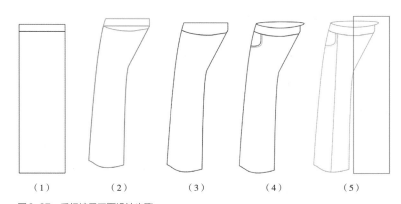

（1）　　（2）　　（3）　　（4）　　（5）

图6-37　毛织裤子正面设计步骤一

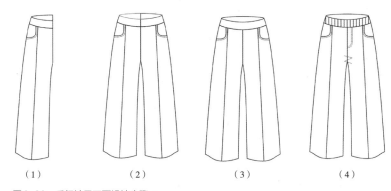

（1）　　　　（2）　　　　（3）　　　　（4）

图6-38　毛织裤子正面设计步骤二

二、毛织裤子的背面设计与表现

步骤

（1）复制图6-38（4）的全部图形，得到所需的图形［图6-39（1）］。

（2）删除不必要的图形（要保持外轮廓前后一致），得到所需的图形［图6-39（2）］。

（3）执行"窗口/泊坞窗/造形"命令，打开造形面板，选用步骤（11）中的蓝色图形作为来源对象，红色图形作为目标对象，执行"焊接"命令（不勾选"保留原始源对象"和"保留原目标对象"），得到所需图形［图6-39（3）］。

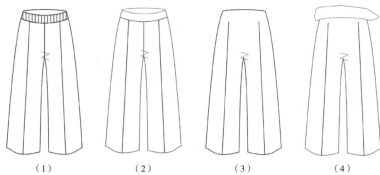

（1）　　　　（2）　　　　（3）　　　　（4）

图6-39　毛织裤子背面设计步骤一

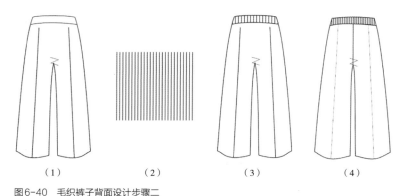

（1）　　　　（2）　　　　（3）　　　　（4）

图6-40　毛织裤子背面设计步骤二

（4）利用贝塞尔工具绘制，得出所需的图形［图6-39（4）］。

（5）执行"窗口/泊坞窗/造形"命令，打开造形面板，选用步骤（4）中的蓝色图形作为来源对象，红色图形作为目标对象，执行"相交"命令（不勾选"保留原始源对象"和"保留原目标对象"），得到所需图形［图6-40（1）］。

（6）利用贝塞尔工具绘制直线，按照第二节"无袖长款毛织的正面设计与表现"的步骤（5）、步骤（6）的方法进行绘制，然后选中全部线条旋转90°，得到所需图形［图6-40（2）］。

（7）选中步骤（6）的全部图形，执行菜单"对象/PowerClip（图框精确剪裁）/置于图文框内部"命令，对准步骤（6）的图形点击，然后调整好位置，得出所需的图形［图6-40（3）］。

（8）利用贝塞尔工具绘制线条，并用形状工具进行调整，得出所需的图形［图6-40（4）］。

小结　在进行绘制图形时，如果是所绘制的图形有规律，可以执行"窗口/泊坞窗/变换"命令来完成操作，反之，就需要自己一步一步来绘制。在绘制毛织结构时，可以绘制成有规律的，也可以按照自己的喜好设计成没有规律的。

第七章

运动装的设计与表现

2008年北京奥运会、2010年广州亚运会和2022年北京冬奥运会相继在国内举行，大大推动了我国体育行业的发展。随着生活水平的提高，人们的生活方式和观念也在发生转变，开始注重运动与休闲。运动成为一种时尚的生活方式，并且推动了运动服装产业的发展。由于运动项目不同，运动服装在设计中也大有不同，如自行车服、羽毛球服、篮球服、酷跑服和瑜伽服等，各有其特点。本章案例的设计灵感来自神秘的大海和浩瀚的宇宙星空，纯粹简约的线条加上撞色的镶边工艺，在清爽的蓝色调中点缀黄色，用跳跃的色彩搭配打造出独特的时尚运动风格，是骑行、越野等户外运动的理想选择。

第一节 | 兜帽运动夹克的设计与表现

一、兜帽运动夹克的正面设计与表现

步骤

（1）利用矩形工具拖曳绘制出矩形形状，然后转换为曲线［图7-1（1）］。

（2）利用形状工具增加节点，调整得到所需图形［图7-1（2）］。

（3）利用贝塞尔工具绘制出红色图形［图7-1（3）］。

（4）执行"窗口/泊坞窗/造形"命令，打开造形面板，选用步骤（3）中的蓝色图形作为来源对象，红色图形作为目标对象，执行"修剪"命令（勾选"保留原始源对象"，不勾选"保留原目标对象"），得到所需图形［图7-1（4）］。

（5）利用贝塞尔工具绘制出红色图形［图7-1（5）］。

（6）执行"窗口/泊坞窗/造形"命令，打开造形面板，选用步骤（5）中的蓝色图形作为来源对象，红色图形作为目标对象，执行"修剪"命令（勾选"保留原始源对象"，不勾选"保留原目标对象"），填上颜色，得到所需图形［图7-1（6）］。

（7）利用贝塞尔工具绘制出绿色与蓝色图形［图7-2（1）］。

（8）执行"窗口/泊坞窗/造形"命令，打开造形面板，选用步骤（7）中的红色图形作为来源对象，蓝色图形作为目标对象，执行"相交"命令（勾选"保留原始源对象"，不勾选"保留原目标对象"），选用步骤（7）中的紫色图形作为来源对象，绿色图形作为目标对象，执行"相交"命令（勾选"保留原始源对象"，不勾选"保留原目标对象"），填上颜色，得到所需图形［图7-2（2）］。

（9）利用贝塞尔工具绘制出帽子的形状并填上颜色，全部选中图形，执行"组合"命令，得到所需图形［图7-2（3）］。

（10）利用矩形工具拖曳绘制出红色矩形形状［图7-2（4）］。

（11）选用步骤（10）中的红色矩形作为来源对象，步骤（9）中的图形作为目标对象，

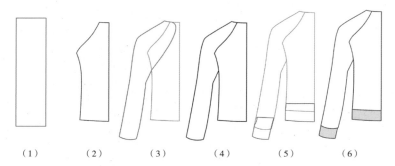

（1）　　（2）　　（3）　　（4）　　（5）　　（6）

图7-1　兜帽运动夹克正面设计步骤一

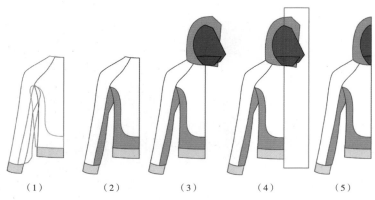

（1）　　　（2）　　　（3）　　　（4）　　　（5）

图7-2　兜帽运动夹克正面设计步骤二

执行"修剪"命令（不勾选"保留原始源对象"和"保留原目标对象"），得到所需图形［图7-2（5）］。

（12）利用贝塞尔工具绘制图形，执行"组合"命令，得到所需图形［图7-3（1）］。

（13）利用矩形工具拖曳绘制出红色矩形形状［图7-3（2）］。

（14）选用步骤（13）中的黑色图形作为来源对象，红色矩形作为目标对象，执行"相交"命令（不勾选"保留原始源对象"和"保留原目标对象"），填上颜色，得到所需图形［图7-3（3）］。

（15）将单组的图案进行镜像复制，得到连续的图案，全选后执行"组合"命令，得到图形［图7-3（4）］。

（16）把设计好的图案放到步骤（11）衣身合适的位置上［图7-3（5）］。

（17）选用步骤（16）中的红色图形作为来源对象，步骤（16）中绘制好的图案作为目标对象，执行"相交"命令（勾选"保留原始源对象"，不勾选"保留原目标对象"），得到所需图形［图7-3（6）］。

（18）利用贝塞尔工具画出红色图形并填上颜色［图7-4（1）］。

（19）选用步骤（18）中的黄色图形作为来源对象，红色图形作为目标对象，执行"修剪"命令（勾选"保留原始源对象"，不勾选"保留原目标对象"），接着画上虚线，得到所需图形［图7-4（2）］。

（20）选中步骤（19）的全部图形，按Ctrl键做镜像复制，得到所需图形［图7-4（3）］。

（21）选用步骤（20）中的红色图形作为来源对象，绿色图形作为目标对象，执行"焊接"命令（不勾选"保留原始源对象"和"保留原目标对象"），利用相同方法将兜帽的其他部分结合在一起，得到所需图形［图7-4（4）］。

（22）绘制拉链（第三章"第五节拉链的设计与表现"有拉链的表现方法）：选择贝塞尔工具，按住Ctrl键绘制直线［图7-5（1）］。

（23）选择变形工具，在属性栏上选拉链变形（在拉链振幅和拉链频率里输入合适的数值），再单击平滑变形按钮，得到所需图形［图7-5（2）］。

（24）利用矩形工具拖曳绘制出矩形形状，并填上黄色，再利用贝塞尔工具画出虚线，得到所需图形［图7-5（3）］。

（25）利用椭圆形工具拖曳绘制出椭圆形，再利用贝塞尔工具进行绘制，得到所需图形［图7-5（4）］。

（26）选用步骤（25）中的黄色椭圆形作为来源对象，红色图形作为目标对象，执行"修剪"命令（不勾选"保留原始源对象"和"保留原目标对象"），填上颜色，得到所需图形［图7-5（5）］。

（27）利用矩形工具拖曳绘制出矩形形状［图7-5（6）］。

（28）选中矩形，在工具属性栏上修改矩形的角，选"圆角"输入合适的数值，得到所需图形［图7-5（7）］。

（29）选用步骤（28）中的蓝色图形作为来源对象，红色图形作为目标对象，执行"焊接"命令（不勾选"保留原始源对象"和"保留原目标对象"），得到所需图形［图7-5（8）］。

（30）把步骤（29）的图形缩小后放到步骤

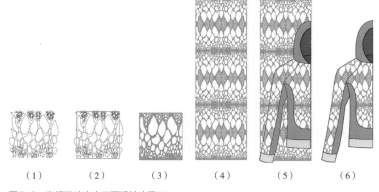

（1）　　　（2）　　　（3）　　　（4）　　　（5）　　　（6）

图7-3　兜帽运动夹克正面设计步骤三

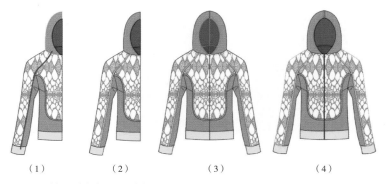

（1）　　　　　（2）　　　　　（3）　　　　　（4）

图7-4　兜帽运动夹克正面设计步骤四

（26）的图形上面，得到所需图形［图7-5（9）］。

　　（31）利用贝塞尔工具进行绘制，得到所需图形［图7-5（10）］。

　　（32）把步骤（31）的图形放到步骤（30）的图形下面，再利用贝塞尔工具绘制蓝色图形，得到所需图形［图7-5（11）］。

　　（33）把步骤（32）的图形放到步骤（24）的图形上面，完成拉链的绘制［图7-5（12）］。

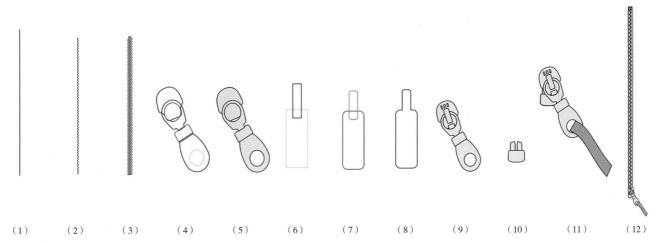

（1）　　　　（2）　　　　（3）　　　　（4）　　　　（5）　　　　（6）　　　　（7）　　　　（8）　　　　（9）　　　　（10）　　　　（11）　　　　（12）

图7-5　兜帽运动夹克正面设计步骤五

　　（34）把步骤（33）的图形放到步骤（21）的图形上面，得到所需图形［图7-6（1）］。

　　（35）选择贝塞尔工具，按住Ctrl键绘制垂直线［图7-6（2）］。

　　（36）按Ctrl键水平复制一条直线［图7-6（3）］。

　　（37）接着按Ctrl+D组合键进行复制，得到所需图形（或者执行"窗口/泊坞窗/变换/位置"命令也可以，在第六章中有详细介绍）［图7-6（4）］。

　　（38）把步骤（37）中的图形放到步骤（34）的图形上面，调整好位置，得到所需图形［图7-6（5）］。

　　（39）选用步骤（38）中的红色图形作为来源对象，绿色图形作为目标对象，执行"相交"命令（不勾选"保留原始源对象"，勾选"保留原目标对象"），完成正面设计（图7-7）。

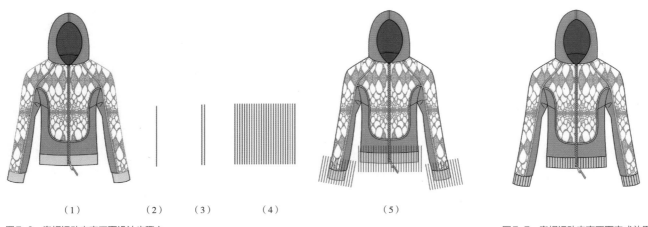

（1）　　　　　　　　（2）　　　（3）　　　　（4）　　　　　　　（5）

图7-6　兜帽运动夹克正面设计步骤六　　　　　　　　　　　　　　　　　　　　图7-7　兜帽运动夹克正面完成效果

二、兜帽运动夹克的背面设计与表现

步骤

（1）复制图7-7的全部图形，得到所需图形［图7-8（1）］。

（2）删除不必要的图形与线条，得到所需图形［图7-8（2）］。

（3）选用步骤（2）中的红色图形作为来源对象，紫色图形作为目标对象，执行"焊接"命令（不勾选"保留原始源对象"和"保留原目标对象"），利用相同方法，得到所需图形［图7-8（3）］。

（4）利用形状工具调整兜帽的分割线，得到所需图形［图7-9（1）］。

（5）利用渐变填充工具对后片进行填充，完成背面的设计［图7-9（2）］。

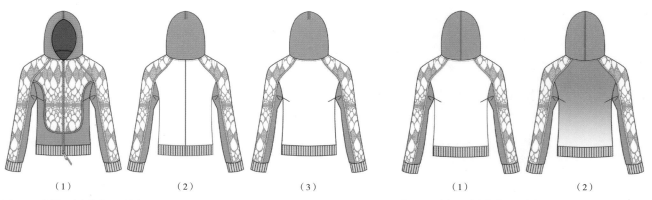

（1）　　　　　（2）　　　　　（3）　　　　　　　　　　　　　（1）　　　　　（2）

图7-8　兜帽运动夹克背面设计步骤一　　　　　　　　　　　　图7-9　兜帽运动夹克背面设计步骤二

第二节 | 兜帽无袖夹克的设计与表现

一、兜帽无袖夹克的正面设计与表现

步骤

（1）利用矩形工具拖曳绘制出矩形，然后转换为曲线［图7-10（1）］。

（2）利用形状工具增加节点，调整得到所需图形［图7-10（2）］。

（3）利用贝塞尔工具绘制出红色图形［图7-10（3）］。

（4）执行"窗口/泊坞窗/造形"命令，打开造形面板，选用步骤（3）中的绿色图形作为来源对象，红色图形作为目标对象，执行"相交"命令（勾选"保留原始源对象"，不勾选"保留原目标对象"），填上颜色，得到所需图形［图7-10（4）］。

（5）利用贝塞尔工具进行绘制，然后填充，得到所需图形［图7-10（5）］。

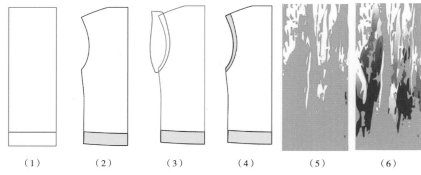

（1）　　　　（2）　　　　（3）　　　　（4）　　　　（5）　　　　（6）

图7-10　兜帽无袖夹克正面设计步骤一

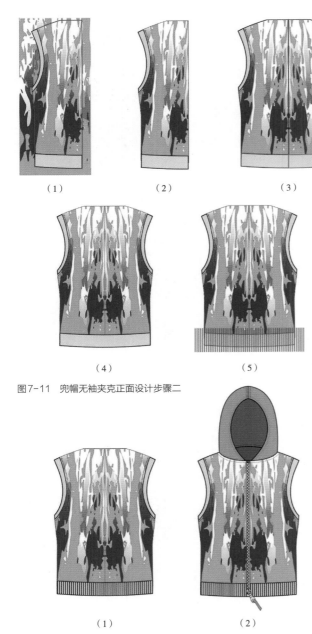

图7-11　兜帽无袖夹克正面设计步骤二

（1）　　　　　　　（2）

图7-12　兜帽无袖夹克正面设计步骤三

（6）按照步骤（5）相同的方法继续绘制图案，利用透明工具填充颜色，得到所需图形［图7-10（6）］。

（7）选中步骤（6）的全部图形，执行"对象/组合"命令，将其排列到图7-10（4）后面，得到所需图形［图7-11（1）］。

（8）执行"窗口/泊坞窗/造形"命令，打开造形面板，选用步骤（7）中的红色图形作为来源对象，组合后的图案作为目标对象，执行"相交"命令（勾选"保留原始源对象"，不勾选"保留原目标对象"），得到所需图形［图7-11（2）］。

（9）按Ctrl键做镜像复制，得到所需图形［图7-11（3）］。

（10）选用步骤（9）中的红色图形作为来源对象，绿色图形作为目标对象，执行"焊接"命令（不勾选"保留原始源对象"和"保留原目标对象"），得到所需图形［图7-11（4）］。

（11）利用贝塞尔工具按住Ctrl键绘制垂直线，然后按住Ctrl键水平复制一条垂直线，接着按Ctrl+D组合键进行复制，得到所需图形［图7-11（5）］。

（12）选用步骤（11）中的红色图形作为来源对象，绿色图形作为目标对象，执行"相交"命令（不勾选"保留原始源对象"，勾选"保留原目标对象"），得到所需图形［图7-12（1）］。

（13）把第一节"兜帽运动夹克的设计与表现"中绘制的拉链和兜帽，放到图7-12（1）上面，调整好位置，完成设计［图7-12（2）］。

二、兜帽无袖夹克的背面设计与表现

步骤

（1）复制图7-12（2）的全部图形，得到所需图形［图7-13（1）］。

（2）删除不必要的图形与线条，得到所需图形［图7-13（2）］。

（3）选择步骤（2）中的红色图形作为来源对象，橙色图形作为目标对象，执行"焊接"命令（不勾选"保留原始源对象"和"保留原目标对象"），得到所需图形［图7-13（3）］。

（4）选择贝塞尔工具在帽子上绘制出直线和虚线，完成背面设计［图7-13（4）］。

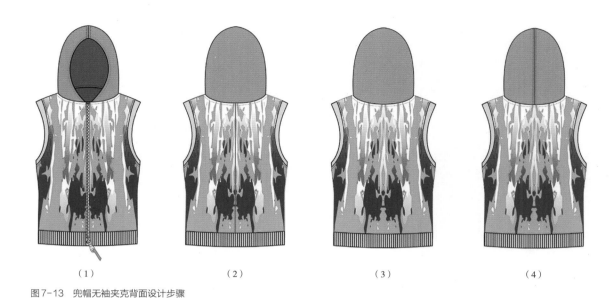

图7-13 兜帽无袖夹克背面设计步骤

第三节 | 长袖运动T恤的设计与表现

一、长袖运动T恤的正面设计与表现

步骤

（1）利用矩形工具拖曳绘制出矩形，然后转换为曲线［图7-14（1）］。

（2）利用形状工具增加节点，调整得到所需图形［图7-14（2）］。

（3）利用贝塞尔工具绘制出红色图形［图7-14（3）］。

（4）执行"窗口/泊坞窗/造形"命令，打开造形面板，选用步骤（3）的绿色图形作为来源对象，红色图形作为目标对象，执行"修剪"命令（勾选"保留原始源对象"，不勾选"保留原目标对象"），得到所需图形［图7-14（4）］。

（5）选择贝塞尔工具绘制出领子，然后填充，得到所需图形［图7-14（5）］。

（6）选择渐变填充工具进行填充，得到所需图形［图7-14（6）］。

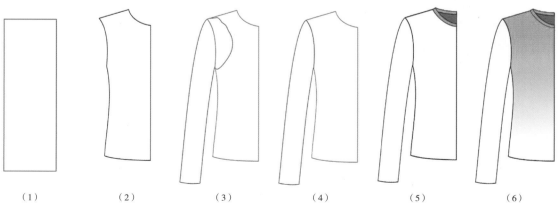

图7-14 长袖运动T恤正面设计步骤一

（7）把第一节"兜帽运动夹克的设计与表现"步骤（15）中的图案［图7-3（4）］复制放到图7-14（6）的后面，得到所需图形［图7-15（1）］。

（8）选择步骤（7）中的红色图形作为来源对象，从兜帽运动夹克中复制而来的图案作为目标对象，执行"相交"命令（勾选"保留原始源对象"，不勾选"保留原目标对象"），得到所需图形，注意图案要全部组合才能一次性操作［图7-15（2）］。

（9）利用贝塞尔工具画出虚线，得到所需图形［图7-15（3）］。

（10）选择步骤（9）的全部图形，按住Ctrl键做镜像复制，得到所需图形［图7-15（4）］。

（11）选择步骤（10）中的红色图形作为来源对象，绿色图形作为目标对象，执行"焊接"命令（不勾选"保留原始源对象"和"保留原目标对象"），利用相同的方法处理服装的其他部分，完成正面设计［图7-15（5）］。

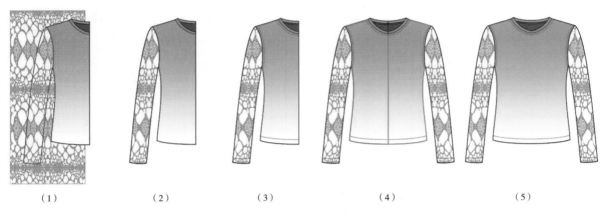

　　（1）　　　　　　（2）　　　　　　（3）　　　　　　　（4）　　　　　　　　（5）

图7-15　长袖运动T恤正面设计步骤二

二、长袖运动T恤的背面设计与表现

步骤

（1）复制图7-15（5）的全部图形，得到所需图形［图7-16（1）］。

（2）删除不必要的图形与线条，得到所需图形［图7-16（2）］。

（3）选择形状工具对领口进行调整，完成背面设计［图7-16（3）］。

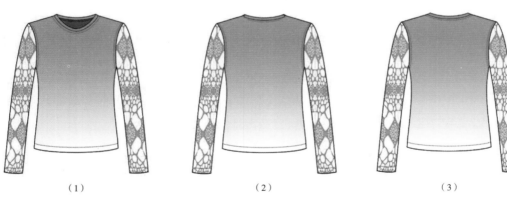

　　　　（1）　　　　　　　　　　（2）　　　　　　　　　　（3）

图7-16　长袖运动T恤背面设计步骤

第四节 | 立领插肩袖运动夹克的设计与表现

一、立领插肩袖运动夹克的正面设计与表现

`步骤`

（1）利用矩形工具拖曳绘制出矩形，然后转换为曲线［图7-17（1）］。

（2）利用形状工具增加节点，调整得到所需图形［图7-17（2）］。

（3）利用贝塞尔工具绘制出绿色图形［图7-17（3）］。

（4）执行"窗口/泊坞窗/造形"命令，打开造形面板，选用步骤（3）中的红色图形作为来源对象，绿色图形作为目标对象，执行"修剪"命令（勾选"保留原始源对象"，不勾选"保留原目标对象"），然后利用交互式渐变工具进行填充，得到所需图形［图7-17（4）］。

（5）复制第一节"兜帽运动夹克的设计与表现"步骤（15）中的全部图形［图7-3（4）］，然后把它放到图7-17（4）的后面，得到所需图形［图7-17（5）］。

（6）执行"窗口/泊坞窗/造形"命令，打开造形面板，选用步骤（5）中的红色图形作为来源对象，复制的图案作为目标对象，执行"相交"命令（勾选"保留原始源对象"，不勾选"保留原目标对象"），得到所需图形［图7-17（6）］。

（7）利用贝塞尔工具绘制出黄色图形［图7-17（7）］。

（8）执行"窗口/泊坞窗/造形"命令，打开造形面板，选择步骤（7）中的红色图形作为来源对象，黄色图形作为目标对象，执行"修剪"命令（勾选"保留原始源对象"，不勾选"保留原目标对象"），得到所需图形［图7-17（8）］。

（9）利用贝塞尔工具绘制出虚线，得到所需图形［图7-17（9）］。

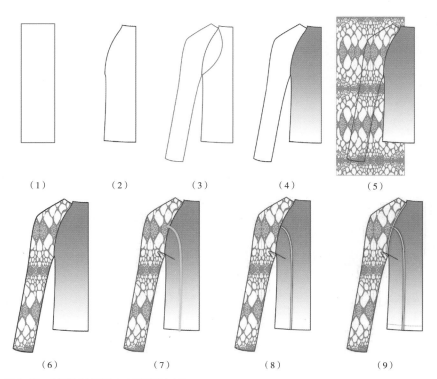

（1） （2） （3） （4） （5）

（6） （7） （8） （9）

图7-17　立领插肩袖运动夹克正面设计步骤一

（10）选择步骤（9）的全部图形，按Ctrl键做镜像复制，得到所需图形［图7-18（1）］。

（11）利用贝塞尔工具画出领子，填上颜色，调整好位置，得到所需图形［图7-18（2）］。

（12）把第一节"兜帽运动夹克的设计与表现"的拉链［图7-5（12）］复制放到图7-18（2）的图形上面，调整好位置，完成设计［图7-18（3）］。

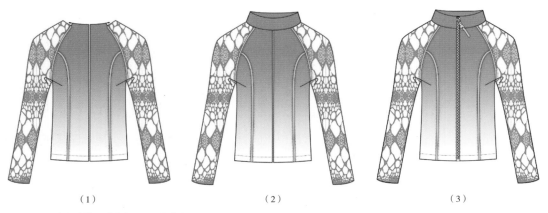

（1）　　　　　　　　　　　　（2）　　　　　　　　　　　　（3）

图7-18　立领插肩袖运动夹克正面设计步骤二

二、立领插肩袖运动夹克的背面设计与表现

步骤

（1）复制图7-18（3）的全部图形，得到所需图形［图7-19（1）］。

（2）删除不必要的图形与线条，得到所需图形［图7-19（2）］。

（3）执行"窗口/泊坞窗/造形"命令，打开造形面板，选用步骤（2）中的红色图形作为来源对象，绿色图形作为目标对象，执行"焊接"命令（不勾选"保留原始源对象"和"保留原目标对象"），并选择贝塞尔工具对步骤（2）中的橙色领子进行调整，完成背面设计［图7-19（3）］。

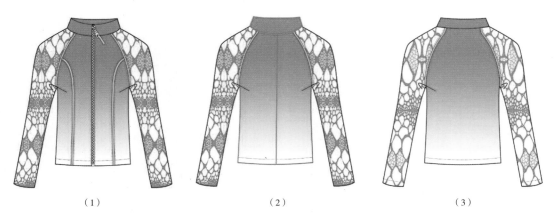

（1）　　　　　　　　　　　　（2）　　　　　　　　　　　　（3）

图7-19　立领插肩袖运动夹克背面设计步骤

第五节 | 插肩短袖T恤的设计与表现

一、插肩短袖T恤的正面设计与表现

步骤

（1）利用矩形工具拖曳绘制出矩形，然后转换为曲线［图7-20（1）］。

（2）利用形状工具增加节点进行调整，得到所需图形［图7-20（2）］。

（3）利用贝塞尔工具绘制出绿色图形［图7-20（3）］。

（4）执行"窗口/泊坞窗/造形"命令，打开造形面板，选用步骤（3）中的红色图形作为来源对象，绿色图形作为目标对象，执行"修剪"命令（勾选"保留原始源对象"，不勾选"保留原目标对象"），然后利用交互式渐变工具进行填充，得到所需图形［图7-20（4）］。

（5）选择贝塞尔工具绘制出绿色图形［图7-20（5）］。

（6）执行"窗口/泊坞窗/造形"命令，打开造形面板，选用步骤（5）中的红色图形作为来源对象，绿色图形作为目标对象执行"相交"命令（勾选"保留原始源对象"，不勾选"保留原目标对象"），填上颜色，得到所需图形［图7-20（6）］。

（7）利用贝塞尔工具绘制出领子形状然后填上颜色，得到所需图形［图7-20（7）］。

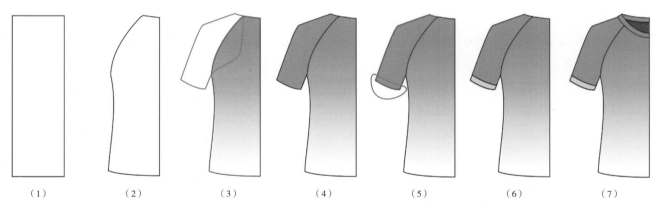

图7-20　插肩短袖T恤正面设计步骤一

（8）选择贝塞尔工具按住Ctrl键绘制直线条，然后按住Ctrl键水平复制一个，接着按Ctrl+D组合键进行复制，得到所需图形［图7-21（1）］。

（9）执行"窗口/泊坞窗/造形"命令，打开造形面板，选用步骤（8）中的红色图形作为来源对象，绿色图形作为目标对象，执行"相交"命令（勾选"保留原始源对象"，不勾选"保留原目标对象"），得到所需图形［图7-21（2）］。

（10）选择贝塞尔工具绘制出绿色图形［图7-21（3）］。

（11）执行"窗口/泊坞窗/造形"命令，打开造形面板，选用步骤（10）中的红色图形作为来源对象，绿色图形作为目标对象，执行"相交"命令（勾选"保留原始源对象"，不勾选"保留原目标对象"），得到所需图形［图7-21（4）］。

（12）选择贝塞尔工具绘制出绿色图形［图7-21（5）］。

（13）执行"窗口/泊坞窗/造形"命令，打开造形面板，选用步骤（12）中的红色图形作为来源对象，绿色图形作为目标对象，执行"相交"命令（勾选"保留原始源对象"，不勾选"保留原目标对象"），得到所需图形［图7-21（6）］。

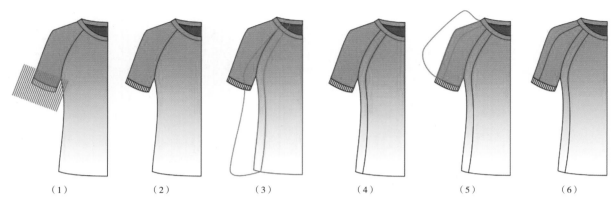

图7-21　插肩短袖T恤正面设计步骤二

（14）复制第一节"兜帽运动夹克的设计与表现"步骤（15）的全部图案［图7-3（4）］，然后放到图7-21（6）的图形后面，得到所需图形［图7-22（1）］。

（15）执行"窗口/泊坞窗/造形"命令，打开造形面板，选择步骤（14）中的红色图形作为来源对象，复制的图案作为目标对象，执行"相交"命令（勾选"保留原始源对象"，不勾选"保留原目标对象"），得到所需图形［图7-22（2）］。

（16）选择贝塞尔工具进行绘制，填上颜色，得到所需图形［图7-22（3）］。

（17）选择贝塞尔工具进行绘制，执行属性栏上的线条样式，选择合适的虚线，得到所需图形［图7-22（4）］。

（18）选择步骤（17）的全部图形，按Ctrl键做镜像复制，得到所需图形［图7-22（5）］。

（19）执行"窗口/泊坞窗/造形"命令，打开造形面板，选用步骤（18）中的红色图形作为来源对象，绿色图形作为目标对象，执行"焊接"命令（不勾选"保留原始源对象"和"保留原目标对象"），利用相同方法进行操作，完成正面设计［图7-22（6）］。

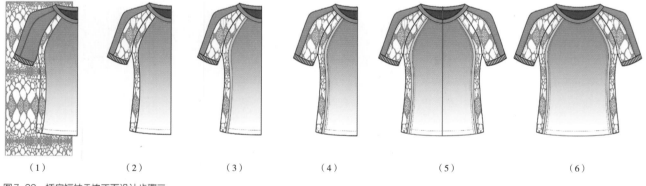

图7-22　插肩短袖T恤正面设计步骤三

二、插肩短袖T恤的背面设计与表现

步骤

（1）复制图7-22（16）的图形，得到所需图形［图7-23（1）］。

（2）删除不必要的图形与线条，得到所需图形［图7-23（2）］。

（3）利用形状工具对领子进行调整，完成背面设计［图7-23（3）］。

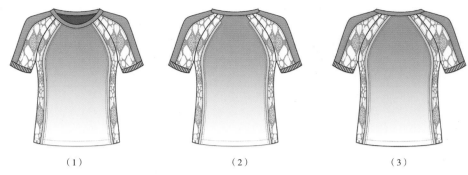

图7-23　插肩短袖T恤背面设计步骤

第六节 │ 不对称拼接运动T恤的设计与表现

一、不对称拼接运动T恤的正面设计与表现

步骤

（1）复制第三节"长袖运动T恤的设计与表现"步骤（11）的全部图形［图7-15（5）］，得到所需图形［图7-24（1）］。

（2）删除不必要的图形与线条，得到所需图形［图7-24（2）］。

（3）选择贝塞尔工具绘制出绿色图形［图7-24（3）］。

（4）执行"窗口/泊坞窗/造形"命令，打开造形面板，选用步骤（3）中的红色图形作为来源对象，绿色图形作为目标对象，执行"相交"命令（勾选"保留原始源对象"，不勾选"保留原目标对象"），再选择贝塞尔工具绘制绿色图形，得到所需图形［图7-24（4）］。

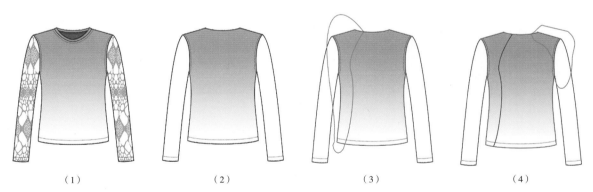

图7-24　不对称拼接运动T恤正面设计步骤一

（5）执行"窗口/泊坞窗/造形"命令，打开造形面板，选用步骤（4）中的红色图形作为来源对象，绿色图形作为目标对象，执行"相交"命令（勾选"保留原始源对象"，不勾选"保留原目标对象"），得到所需图形［图7-25（1）］。

（6）把第一节"兜帽运动夹克的设计与表现"步骤（15）的图案［图7-3（4）］复制放到图7-25（1）的图形后面，得到所需图形［图7-25（2）］。

（7）选用步骤（6）中的红色图形作为来源对象，复制的图案作为目标对象，执行"相交"命令（勾选"保留原始源对象"，不勾选"保留原目标对象"），得到所需图形［图7-25（3）］。

（8）选择贝塞尔工具绘制出红色图形和虚线［图7-25（4）］。

（9）选择贝塞尔工具绘制出领子并填上色，完成正面设计（图7-26）。

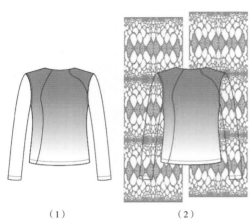
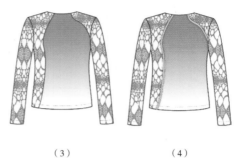

（1）　　　　　（2）　　　　　（3）　　　　　（4）

图7-25　不对称拼接运动T恤正面设计步骤二

图7-26　不对称拼接运动T恤正面完成效果

二、不对称拼接运动T恤的背面设计与表现

步骤

（1）复制图7-26的全部图形，得到所需图形［图7-27（1）］。

（2）删除不必要的图形与线条，得到所需图形［图7-27（2）］。

（3）利用形状工具调整领子，完成背面设计［图7-27（3）］。

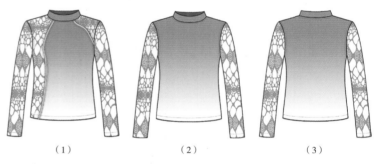

（1）　　　　　　　（2）　　　　　　　（3）

图7-27　不对称拼接运动T恤背面设计步骤

第七节 | 侧边拼接运动裤的设计与表现

一、侧边拼接运动裤的正面设计与表现

步骤

（1）利用矩形工具拖曳绘制出矩形，然后转换为曲线［图7-28（1）］。

（2）利用形状工具增加节点，调整得到所需图形［图7-28（2）］。

（3）选择贝塞尔工具绘制出红色图形［图7-28（3）］。

（4）执行"窗口/泊坞窗/造形"命令，打开造形面板，选用步骤（3）中的绿色图形作为来源对象，红色图形作为目标对象，执行"相交"命令（勾选"保留原始源对象"，不勾选"保留原目标对象"），填上颜色，得到所需图形［图7-28（4）］。

（5）选择贝塞尔工具，按住Ctrl键绘制垂直线［图7-28（5）］。

（6）再按住Ctrl键水平复制一个，接着按Ctrl+D组合键进行复制，得到所需图形［图7-28（6）］。

（7）把步骤（6）中的图形放步骤（4）中图形的合适位置，得到所需图形［图7-28（7）］。

（8）执行"窗口/泊坞窗/造形"命令，打开造形面板，选用步骤（7）中的绿色图形作为来源对象，红色图形作为目标对象，执行"相交"命令（勾选"保留原始源对象"，不勾选"保留原目标对象"），得到所需图形［图7-28（8）］。

（9）利用矩形工具拖曳绘制出矩形形状［图7-29（1）］。

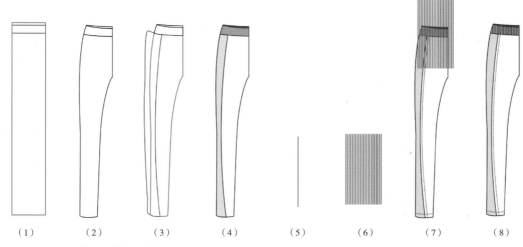

图7-28　侧边拼接运动裤正面设计步骤一

（10）利用渐变工具填充，得到所需图形［图7-29（2）］。

（11）利用贝塞尔工具绘制出红色图形［图7-29（3）］。

（12）利用透明度工具填充，得到所需图形［图7-29（4）］。

（13）利用步骤（11）和步骤（12）相同的方法绘制出多个有透明变化的图形，得到所需图形［图7-29（5）］。

（14）把步骤（13）的全部图形排列到步骤（8）的后面，得到所需图形［图7-29（6）］。

（15）执行"窗口/泊坞窗/造形"命令，打开造形面板，选用步骤（14）中的红色图形作为来源对象，组合后的渐变图形作为目标对象，执行"相交"命令（勾选"保留原始源对象"，不勾选"保留原目标对象"），得到所需图形［图7-30（1）］。

（16）选中步骤（15）的全部图形，按Ctrl键做镜像复制，得到所需图形［图7-30（2）］。

（17）选用步骤（16）中的红色图形作为来源对象，绿色图形作为目标对象，执行"焊接"命令（不勾选"保留原始源对象"和"保留原目标对象"），利用相同方法处理裤子的其他部分，得到所需图形［图7-30（3）］。

（18）选择贝塞尔工具绘制出红色的实线和虚线［图7-30（4）］。

（19）选择椭圆形工具拖曳绘制出椭圆形形状并选择贝塞尔工具进行绘制，完成正面设计［图7-30（5）］。

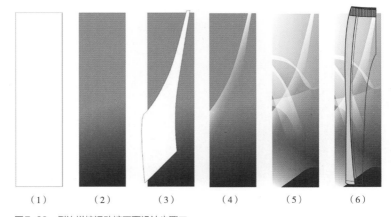

图7-29　侧边拼接运动裤正面设计步骤二

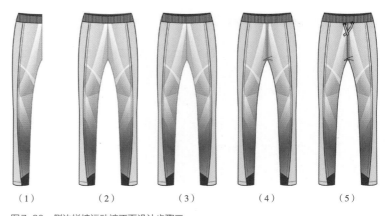

图7-30　侧边拼接运动裤正面设计步骤三

二、侧边拼接运动裤的背面设计与表现

步骤

（1）复制图 7-30（5）的全部图形，得到所需图形［图 7-31（1）］。

（2）删除掉不必要的图形与线条，得到所需图形［图 7-31（2）］。

（3）利用形状工具调整腰头形状，完成背面设计［图 7-31（3）］。

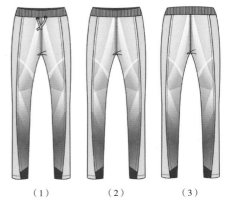

（1）　　　（2）　　　（3）

图 7-31　侧边拼接运动裤背面设计步骤

第八节 | 几何拼接运动裤的设计与表现

一、几何拼接运动裤的正面设计与表现

步骤

（1）复制第七节"侧边拼接运动裤的设计与表现"步骤（19）的全部图形［图 7-30（5）］，得到所需图形［图 7-32（1）］。

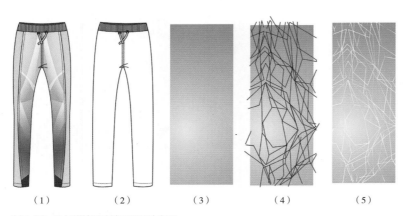

（1）　　　（2）　　　（3）　　　（4）　　　（5）

图 7-32　几何拼接运动裤正面设计步骤一

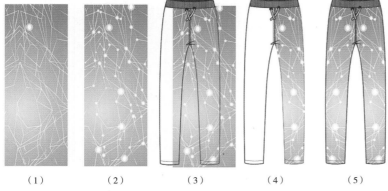

（1）　　　（2）　　　（3）　　　（4）　　　（5）

图 7-33　几何拼接运动裤正面设计步骤二

（2）删除不必要的图形与线条，得到所需图形［图 7-32（2）］。

（3）选择矩形工具拖曳绘制出矩形形状，再选择交互式填充工具进行填充（类型选"辐射"），得到所需图形［图 7-32（3）］。

（4）选择贝塞尔工具画出线条［图 7-32（4）］。

（5）选择步骤（4）中的全部线条，右键单击调色板上的白色，将线条改为白色，然后利用透明度工具分别对线条做渐变透明填充，得到所需图形［图 7-32（5）］。

（6）利用椭圆形工具拖曳绘制出圆形，填上白色，接着选择透明度工具将椭圆形外围调整透明（透明度类型选择"标准"），得到所需图形［图 7-33（1）］。

（7）利用步骤（6）的相同方法绘制出多个有透明变化的椭圆形，将所有图形组合，得到所需图形［图 7-33（2）］。

（8）把步骤（7）的全部图形放到步骤（2）［图 7-32（2）］的图形下面，得到所需图形［图 7-33（3）］。

（9）执行"窗口/泊坞窗/造形"命令，打开造形面板，选用步骤（8）中的红色图形作为来源对象，组合后的图案作为目标对象，执行"相交"命令（勾选"保留原始源对象"，不勾选"保留原目标对象"），得到所需图形［图7-33（4）］。

（10）利用步骤（9）相同的方法进行操作，得到所需图形［图7-33（5）］。

（11）利用贝塞尔工具绘制出橙色图形［图7-34（1）］。

（12）选用步骤（11）中的红色图形作为来源对象，橙色图形作为目标对象，执行"相交"命令（勾选"保留原始源对象"，不勾选"保留原目标对象"），填上颜色，得到所需图形［图7-34（2）］。

（13）利用步骤（12）相同的方法完成裤脚内侧的拼接图案绘制，得到所需图形［图7-34（3）］。

（14）选择贝塞尔工具绘制出虚线，完成正面设计［图7-34（4）］。

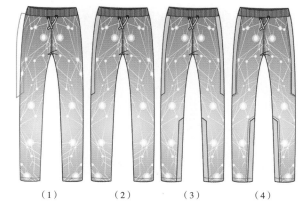

图7-34 几何拼接运动裤正面设计步骤三

二、几何拼接运动裤的背面设计与表现

步骤

（1）复制图7-34（4）的全部图形，得到所需图形［图7-35（1）］。

（2）删除不必要的图形与线条，得到所需图形［图7-35（2）］。

（3）利用形状工具调整腰头形状，完成背面设计［图7-35（3）］。

（1） （2） （3）

图7-35 几何拼接运动裤背面设计步骤

第九节 | 五分运动裤的设计与表现

一、五分运动裤的正面设计与表现

步骤

（1）复制第八节"几何拼接运动裤的设计与表现"步骤（14）的全部图形［图7-34（4）］，得到所需图形［图7-36（1）］。

（2）删除不必要的图形与线条，得到所需图形［图7-36（2）］。

（3）利用形状工具进行调整，得到所需图形［图7-36（3）］。

（4）执行"窗口/泊坞窗/造形"命令，打开造形面板，选用步骤（3）中的红色图形作为来源对象，复制的图案作为目标对象，执行"相交"命令（勾选"保留原始源对象"，不勾选"保留原目标对象"），然后执行"对象/组合"命令，得到所需图形［图7-36（4）］。

（5）利用贝塞尔工具绘制出红色图形［图7-36（5）］。

（1）　　　　　（2）　　　　　（3）　　　　　（4）　　　　　（5）

图7-36　五分运动裤正面设计步骤一

（6）执行"窗口/泊坞窗/造形"命令，打开造形面板，选用步骤（5）中的红色图形作为来源对象，全部图形作为目标对象，执行"修剪"命令（不勾选"保留原始源对象"和"保留目标对象"），执行"对象/组合/取消组合"命令，得到所需图形［图7-37（1）］。

（7）利用贝塞尔工具绘制出红色图形［图7-37（2）］。

（8）执行"窗口/泊坞窗/造形"命令，打开造形面板，选用步骤（7）中的红色图形作为来源对象，绿色图形作为目标对象，执行"相交"命令（不勾选"保留原始源对象"，勾选"保留原目标对象"），得到所需图形［图7-37（3）］。

（9）选择贝塞尔工具绘制出红色图形，填上颜色，得到所需的图形［图7-37（4）］。

（10）选择贝塞尔工具按住Ctrl键绘制直线条，再按住Ctrl键水平复制一个，接着按Ctrl+D组合键进行复制，得到所需图形［图7-37（5）］。

（11）执行"窗口/泊坞窗/造形"命令，打开造形面板，选用步骤（10）中的红色图形作为来源对象，绿色图形作为目标对象，执行"相交"命令（勾选"保留原始源对象"，不勾选"保留原目标对象"），再选择贝塞尔工具绘制出虚线，完成正面设计［图7-37（6）］。

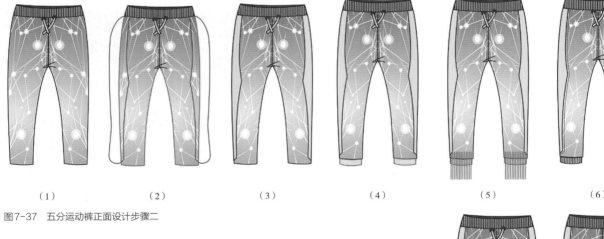

（1）　　　　　（2）　　　　　（3）　　　　　（4）　　　　　（5）　　　　　（6）

图7-37　五分运动裤正面设计步骤二

二、五分运动裤的背面设计与表现

步骤

（1）复制图7-37（6）的全部图形，得到所需图形［图7-38（1）］。

（2）删除不必要的图形与线条，完成设计［图7-38（2）］。

（1）　　　　　（2）

图7-38　五分运动裤背面设计步骤

第十节 | 搭片式运动短裙的设计与表现

一、搭片式运动短裙的正面设计与表现

步骤

（1）利用矩形工具拖曳绘制出矩形，然后转换为曲线 ［图7-39（1）］。

（2）利用形状工具增加节点进行调整，得到所需图形 ［图7-39（2）］。

（3）利用贝塞尔工具绘制出裙头，填上颜色，得到所需图形 ［图7-39（3）］。

（4）把第八节 "几何拼接运动裤的的设计与表现" 步骤（7）的全部图形复制 ［图7-33（2）］，然后放到步骤（3）的图形后面，得到所需图形 ［图7-39（4）］。

（5）执行 "窗口/泊坞窗/造形" 命令，打开造形面板，选用步骤（4）中的红色图形作为来源对象，复制的图案作为目标对象，执行 "相交" 命令（勾选 "保留原始源对象"，不勾选 "保留原目标对象"），得到所需图形 ［图7-39（5）］。

（1）　　　　　　（2）　　　　　　（3）　　　　　　（4）　　　　　　（5）

图7-39　搭片式运动短裙正面设计步骤一

（6）选择贝塞尔工具绘制出绿色图形 ［图7-40（1）］。

（7）执行 "窗口/泊坞窗/造形" 命令，打开造形面板，选用步骤（6）中的红色图形作为来源对象，绿色图形作为目标对象，执行 "相交" 命令（勾选 "保留原始源对象"，不勾选 "保留原目标对象"），填上颜色，并选择矩形工具拖曳绘制出矩形形状，填上颜色，得到所需图形 ［图7-40（2）］。

（8）利用贝塞尔工具按住Ctrl键绘制直线条，然后按住Ctrl键水平复制一个，接着按Ctrl+D组合键进行复制，得到所需图形 ［图7-40（3）］。

（9）执行 "窗口/泊坞窗/造形" 命令，打开造形面板，选用步骤（8）中的红色图形作为来源对象，绿色图形作为目标对象，执行 "相交" 命令（勾选 "保留原始源对象"，不勾选 "保留原目标对象"），得到所需图形 ［图7-40（4）］。

（10）利用贝塞尔工具绘制出虚线，完成短裙的正面设计 ［图7-40（5）］。

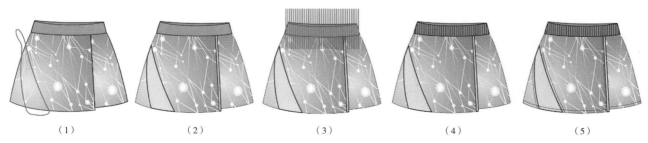

（1）　　　　　　（2）　　　　　　（3）　　　　　　（4）　　　　　　（5）

图7-40　搭片式运动短裙正面设计步骤二

二、搭片式运动短裙的背面设计与表现

步骤

（1）复制图7-40（5）的全部图形，得到所需图形 [图7-41（1）]。

（2）删除不必要的图形与线条，得到所需图形 [图7-41（2）]。

（3）利用形状工具进行调整，得到所需图形 [图7-41（3）]。

（4）利用贝塞尔工具绘制出红色图形 [图7-41（4）]。

（5）填上颜色，执行菜单"对象/顺序/到页面后面"命令，完成短裙背面设计 [图7-41（5）]。

（1）　　　　　　　（2）　　　　　　　（3）　　　　　　　（4）　　　　　　　（5）

图7-41　搭片式运动短裙背面设计步骤

小结　　本节主要运用渐变工具的填充，但渐变工具的运用结果和透明度工具的运用结果有时会相同，应注意把两者的操作区分开。

第八章

礼服的设计与表现

礼服一般情况是按照穿着场合来区分，根据环境、氛围以及着装者的身份不同等来进行设计和搭配色彩，有婚礼服、晚礼服、礼仪服等。礼服大多强调特殊性，工艺复杂，色彩斑斓，着装者力求在众多人群中大放异彩，成为人们关注的焦点。在婚礼上，每一位新娘都是天使，拥有自己独一无二的美丽与魅力，展示自己最为幸福的瞬间，穿着黑色婚纱的新娘更像一位惊艳世俗的黑天使。本章所设计的黑色婚纱的图案从大自然优美的曲线肌理中获得灵感，再根据时尚需要调整，塑造美轮美奂的效果，更好地展示出一种惊艳、高端、大气的穿着效果。婚纱的造型不再是仅有裙装，还有裙裤装、连体裤装等，在款式上更为新颖。在工艺技巧方面，重叠运用布料，使布料看起来不单一，更有层次感与质感。

第一节　|　露肩礼服的设计与表现

一、露肩礼服的正面设计与表现

步骤

（1）利用贝塞尔工具绘制出图形［图8-1（1）］。

（2）执行"窗口/泊坞窗/造形"命令，打开造形面板，选用步骤（1）中的绿色图形作为来源对象，红色图形作为目标对象，执行"修剪"命令（勾选"保留原始源对象"，不勾选"保留原目标对象"）；再接着选用步骤（1）中的蓝色图形作为来源对象，绿色图形作为目标对象，执行"修剪"命令（勾选"保留原始源对象"，不勾选"保留原目标对象"），得到所需图形［图8-1（2）］。

（3）利用贝塞尔工具绘制出红色图形［图8-1（3）］。

（4）执行"窗口/泊坞窗/造形"命令，打开造形面板，选用步骤（3）中的红色图形作为来源对象，绿色图形作为目标对象，执行"修剪"命令（不勾选"保留原始源对象"和"保留原目标对象"），得到所需图形［图8-1（4）］。

（5）利用矩形工具拖曳绘制出矩形形状，然后转换为曲线［图8-1（5）］。

（6）利用形状工具进行调整，得到所需图形［图8-1（6）］。

（7）利用贝塞尔工具绘制出绿色、红色和蓝色图形［图8-1（7）］。

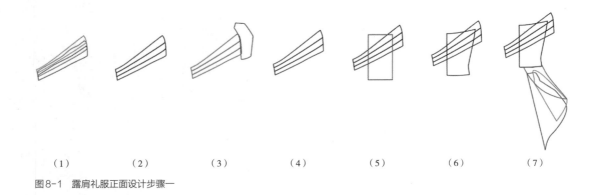

| （1） | （2） | （3） | （4） | （5） | （6） | （7） |

图8-1　露肩礼服正面设计步骤一

（8）填上颜色（注意物体的前后顺序关系，可以通过执行"对象/顺序"来调整物体的前后关系，在前面的图形填上颜色后会遮挡后面的图形），得到所需图形［图8-2（1）］。

（9）选择图8-1（7）中上半身部分的图形执行复制及镜像翻转，得到所需图形［图8-2（2）］。

（10）利用贝塞尔工具绘制出红色图形，得到所需图形［图8-2（3）］。

（11）选用步骤（10）中的绿色图形作为来源对象，黄色图形作为目标对象，执行"焊接"命令（不勾选"保留原始源对象"和"保留原目标对象"），再利用矩形工具拖曳绘制出红色矩形形状，得到所需图形〔图8-2（4）〕。

（12）填上颜色（注意物体的前后顺序关系，可以通过执行"对象/顺序"来调整物体的前后关系，在前面的图形填上颜色后会遮挡后面的图形），得到所需图形〔图8-2（5）〕。

（13）选择形状工具对步骤（12）中的黄色图形进行修改，得到所需图形〔图8-3（1）〕。

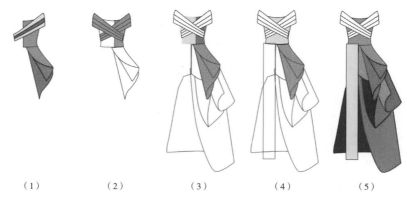

（1）　　　　（2）　　　　（3）　　　　（4）　　　　（5）

图8-2　露肩礼服正面设计步骤二

（14）选择贝塞尔工具绘制出红色、绿色和蓝色图形〔图8-3（2）〕。

（15）选择"交互式填充工具/渐变填充工具"进行填充，得到所需图形〔图8-3（3）〕。

（16）利用步骤（15）的渐变填充方法对整个图形进行填充，得到所需图形〔图8-3（4）〕。

（17）选择贝塞尔工具随意画出图形〔图8-4（1）〕。

（18）再继续选择贝塞尔工具绘制，得到所需图形〔图8-4（2）〕。

（19）选中步骤（18）的全部线稿，选用步骤（16）中的红色线裤子图形作为对象，执行菜单"对象/PowerClip（图框精确剪裁）/置于图文框内部"命令，把步骤（18）的全部线条色彩调整为白色，完成正面设计〔图8-4（3）〕。

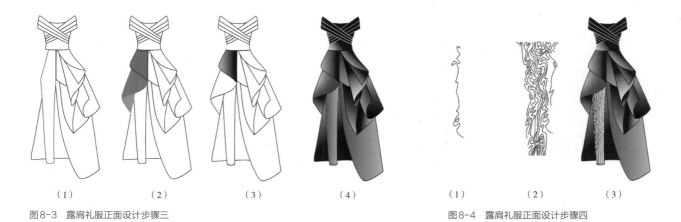

（1）　　　　（2）　　　　（3）　　　　（4）　　　　　　（1）　　　　（2）　　　　（3）

图8-3　露肩礼服正面设计步骤三　　　　　　　　　　　图8-4　露肩礼服正面设计步骤四

二、露肩礼服的背面设计与表现

步骤

（1）复制图8-4（3）的全部图形，得到所需图形〔图8-5（1）〕。

（2）删除不必要的图形与线条，并对红色图形进行调整，得到所需图形〔图8-5（2）〕。

（3）选择矩形工具进行绘制，得到所需图形〔图8-5（3）〕。

（4）选用步骤（3）的红色图形作为来源对象，蓝色图形作为目标对象，执行"修剪"命令（不勾选"保留原始源对象"和"保留原目标对象"），再选择贝塞尔工具绘制出红色图形，得到所需图形〔图8-5（4）〕。

（5）执行菜单"对象/顺序/置于此对象后"命令，把红色图形放到整个物体后面，得到所需图形〔图8-5（5）〕。

（6）选中步骤（5）的全部图形，按Ctrl键做镜像复制，得到所需图形〔图8-5（6）〕。

（7）选择贝塞尔工具绘制出红色线条和黄色图形［图8-6（1）］。

（8）执行菜单"对象/顺序/置于此对象后"命令，把黄色图形放到红色线图形后面，得到所需图形［图8-6（2）］。

（9）选择贝塞尔工具绘制出红色、绿色、橙色和黄色等图形，并执行菜单"对象/顺序/置于此对象后"命令，调整好各颜色图形的位置，得到所需图形［图8-6（3）］。

（10）选择贝塞尔工具绘制出红色、橙色、蓝色图形［图8-6（4）］。

（11）填上颜色，执行菜单"对象/顺序/置于此对象后"命令，调整好各图形的位置，得到所需图形［图8-7（1）］。

（12）选择贝塞尔工具绘制出红色、紫色、绿色线图形［图8-7（2）］。

（13）填上颜色，执行菜单"对象/顺序/置于此对象后"命令，调整好各颜色线图形的位置，得到所需图形［图8-7（3）］。

（14）选择贝塞尔工具绘制出红色皱褶线条［图8-7（4）］。

（15）选择"交互式填充工具/渐变填充工具"进行填充，得到所需图形［图8-8（1）］。

（16）利用步骤（15）的渐变填充方法对整个图形进行填充，得到所需图形［图8-8（2）］。

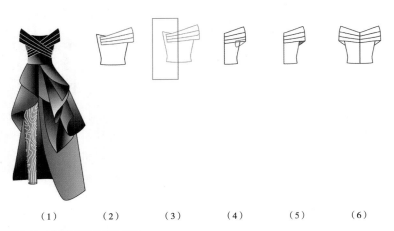

（1）　　　（2）　　　（3）　　　（4）　　　（5）　　　（6）

图8-5　露肩礼服背面设计步骤一

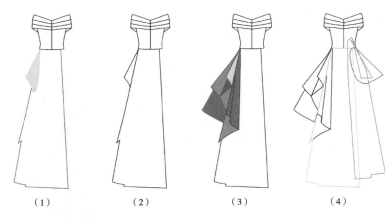

（1）　　　　　（2）　　　　　（3）　　　　　（4）

图8-6　露肩礼服背面设计步骤二

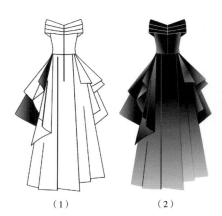

（1）　　　　（2）　　　　（3）　　　　（4）　　　　　　　（1）　　　　　（2）

图8-7　露肩礼服背面设计步骤三　　　　　　　　　　图8-8　露肩礼服背面设计步骤四

第二节 | 长拖尾礼服的设计与表现

一、长拖尾礼服的正面设计与表现

步骤

（1）利用矩形工具拖曳绘制出矩形形状［图8-9（1）］。

（2）执行"转换为曲线"命令，再利用形状工具进行调整，得到所需图形［图8-9（2）］。

（3）执行"窗口/泊坞窗/造形"命令，打开造形面板，选用步骤（2）中的红色图形作为来源对象，蓝色图形作为目标对象，执行"修剪"命令（勾选"保留原始源对象"，不勾选"保留原目标对象"），得到所需图形［图8-9（3）］。

（4）选择贝塞尔工具，绘制出红色图形［图8-9（4）］。

（5）执行"窗口/泊坞窗/造形"命令，打开造形面板，选用步骤（4）中的绿色图形作为来源对象，红色图形作为目标对象，执行"相交"命令（勾选"保留原始源对象"，不勾选"保留原目标对象"），得到所需图形［图8-9（5）］。

（6）选择贝塞尔工具，绘制出红色图形［图8-9（6）］。

（7）执行"窗口/泊坞窗/造形"命令，打开造形面板，选用步骤（5）中的绿色图形作为来源对象，红色图形作为目标对象，执行"相交"命令（勾选"保留原始源对象"，不勾选"保留原目标对象"），得到所需图形［图8-9（7）］。

（8）选择贝塞尔工具，绘制出红色图形［图8-10（1）］。

（9）选择贝塞尔工具，用步骤（8）的方法，绘制出各颜色图形［图8-10（2）］。

（10）填上颜色，执行菜单"对象/顺序/置于此对象后"命令，调整好各颜色图形的位置，得到所需图形［图8-10（3）］。

（11）选择贝塞尔工具，绘制出绿色图形［图8-10（4）］。

（12）执行"窗口/泊坞窗/造形"命令，打开造形面板，选用步骤（11）中的绿色图形作为来源对象，红色图形作为目标对象，执行"修剪"命令（不勾选"保留原始源对象"和"保留原目标对象"），得到所需图形［图8-10（5）］。

（13）选择贝塞尔工具，绘制出红色和黄色图形［图8-10（6）］。

（14）填上颜色，执行菜单"对象/顺序/置于此对象后"命令，调整好各颜色图形的位置，得到所需图形［图8-10（7）］。

（15）选择贝塞尔工具，绘制出蓝色图形［图8-11（1）］。

（16）填上颜色，执行菜单"对象/顺序/置于此对象后"命令，把蓝色图形放在红色图形之后，得到所需图形［图8-11（2）］。

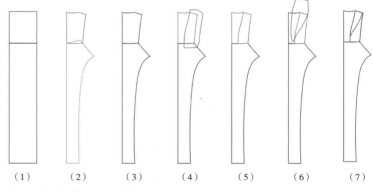

（1）　　（2）　　（3）　　（4）　　（5）　　（6）　　（7）

图8-9　长拖尾礼服正面设计步骤一

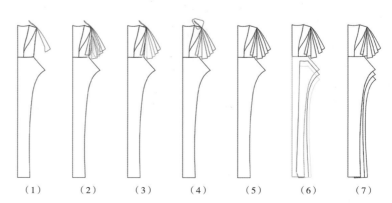

（1）　　（2）　　（3）　　（4）　　（5）　　（6）　　（7）

图8-10　长拖尾礼服正面设计步骤二

（17）选择贝塞尔工具，绘制出红色皱褶线条［图8-11（3）］。

（18）选择贝塞尔工具，绘制出红色图形［图8-11（4）］。

（19）选中图8-11（4）的全部图形，按Ctrl键做镜像复制，得到所需图形［图8-12（1）］。

（20）调整好位置，得到所需图形［图8-12（2）］。

（21）删除黄色图形，选用红色图形作为来源对象，绿色图形作为目标对象，执行"焊接"命令（不勾选"保留原始源对象"和"保留原目标对象"），得到所需图形［图8-12（3）］。

（22）选择"交互式填充工具／渐变填充工具"进行填充，得到所需图形［图8-13（1）］。

（23）利用步骤（22）的渐变填充方法对整个图形进行填充，得到所需图形［图8-13（2）］。

（24）复制第一节"露肩礼服的正面设计与表现"，步骤（18）的全部图形［图8-4（2）］，得到所需图形［图8-13（3）］。

（25）选中步骤（24）的全部线稿，执行菜单"对象／PowerClip（图框精确剪裁）／置于图文框内部"命令，选用步骤（23）中的红色图形作为对象，把步骤（24）的全部线稿放入步骤（23）的红色图形里，再把线条色彩调整为白色，得到所需图形［图8-13（4）］。

（26）选择贝塞尔工具画出线条，填充为白色，完成正面设计［图8-14］。

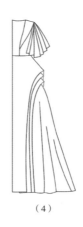

（1）　　　　　　（2）　　　　　　（3）　　　　　　（4）

图8-11　长拖尾礼服正面设计步骤三

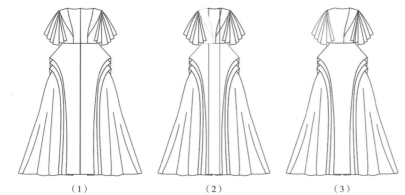

（1）　　　　　　　（2）　　　　　　　（3）

图8-12　长拖尾礼服正面设计步骤四

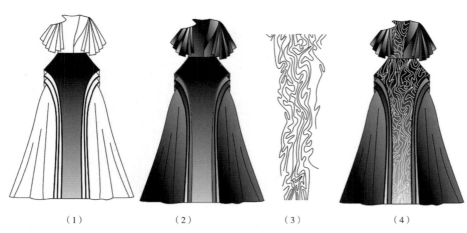

（1）　　　　　　（2）　　　　　　（3）　　　　　　（4）

图8-13　长拖尾礼服正面设计步骤五

图8-14　长拖尾礼服正面完成效果

二、长拖尾礼服的背面设计与表现

步骤

（1）复制图8-14的全部图形，得到所需图形［图8-15（1）］。

（2）选择步骤（1）的全部图形做镜像翻转，再删除不必要的图形与线条，得到所需图形［图8-15（2）］。

（3）选择贝塞尔工具绘制出红色、黄色、蓝色图形［图8-16（1）］。

（4）选用步骤（3）中的蓝色图形作为来源对象，红色图形作为目标对象，执行"修剪"命令（不勾选"保留原始源对象"和"保留原目标对象"）；再选用步骤（3）中的黄色图形作为来源对象，绿色图形作为目标对象，执行"焊接"命令（不勾选"保留原始源对象"和"保留原目标对象"），得到所需图形［图8-16（2）］。

（5）调整步骤（4）中的绿色图形的渐变方向，再执行菜单"对象/顺序/到图层后面"命令，把绿色图形放到其他图形之后，得到所需图形［图8-17（1）］。

（6）选择贝塞尔工具绘制出线条［图8-17（2）］。

（7）移动步骤（6）的线条一定距离后进行复制［图8-17（3）］。

（8）按Ctrl+D组合键进行等距离复制［图8-17（4）］。

（9）选择步骤（8）的全部图形进行复制，然后组合做镜像翻转，得到所需图形［图8-18（1）］。

（1）　　　　　　　　　　　（2）

图8-15 长拖尾礼服背面设计步骤一

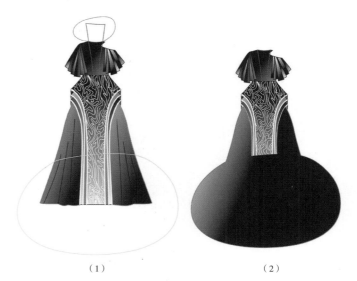

（1）　　　　　　　　　　　（2）

图8-16 长拖尾礼服背面设计步骤二

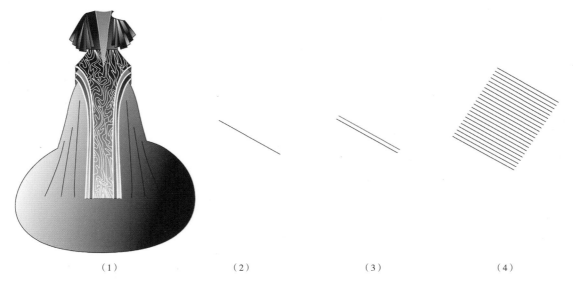

（1）　　　　　　（2）　　　　　　（3）　　　　　　（4）

图8-17 长拖尾礼服背面设计步骤三

（10）选中步骤（9）的全部线稿，再利用矩形工具绘制一个矩形，执行菜单"对象/PowerClip（图框精确剪裁）/置于图文框内部"，把步骤（9）的全部线条放进矩形里面，得到所需图形［图8-18（2）］。

（11）选中步骤（10）的全部图形，执行菜单"对象/PowerClip（图框精确剪裁）/置于图文框内部"，把图8-17（1）的黄色图形作为对象，步骤（10）的全部图形放进图8-17（1）的黄色图形里面，完成背面设计［图8-18（3）］。

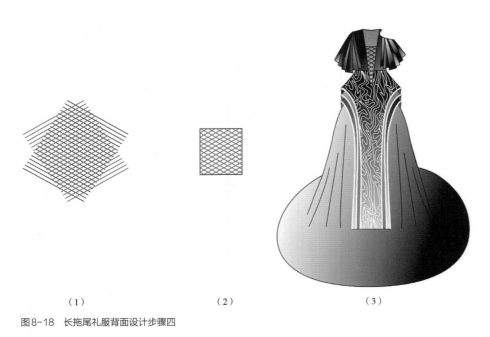

（1）　　　　　　　　　（2）　　　　　　　　　　　　（3）

图8-18　长拖尾礼服背面设计步骤四

第三节 | 收腰鱼尾礼服的设计与表现

一、收腰鱼尾礼服的正面设计与表现

步骤

（1）利用矩形工具拖曳绘制出矩形形状，然后转换为曲线［图8-19（1）］。

（2）利用形状工具增加节点并调整，得到所需图形［图8-19（2）］。

（3）对步骤（2）的图形做镜像复制，然后调整好位置，得到所需图形［图8-19（3）］。

（4）执行"窗口/泊坞窗/造形"命令，打开造形面板，选用步骤（3）中的绿色图形作为来源对象，红色图形作为目标对象，执行"焊接"命令（不勾选"保留原始源对象"和"保留原目标对象"），得到所需图形［图8-19（4）］。

（5）选择贝塞尔工具绘制出图形［图8-20（1）］。

（6）执行"窗口/泊坞窗/造形"命令，打开造形面板，选用步骤（5）中的蓝色图形作为来源对象，红色图形作为目标对象，执行"修剪"命令（勾选"保留原始源对象"，不勾选"保留原目标对象"），得到所需图形［图8-20（2）］。

（7）再选择贝塞尔工具绘制出红色和蓝色图形［图8-20（3）］。

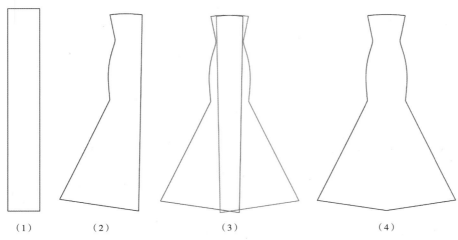

（1）　　　　　（2）　　　　　　　（3）　　　　　　　（4）

图8-19　收腰鱼尾礼服正面设计步骤一

（8）执行"窗口/泊坞窗/造形"命令，打开造形面板，选用步骤（7）中的红色图形作为来源对象，蓝色图形作为目标对象，执行"修剪"命令（勾选"保留原始源对象"，不勾选"保留原目标对象"），再选择贝塞尔工具绘制出红色图形，得到所需图形［图8-20（4）］。

（9）执行"窗口/泊坞窗/造形"命令，打开造形面板，选用步骤（8）中的蓝色图形作为来源对象，红色图形作为目标对象，执行"修剪"命令（勾选"保留原始源对象"，不勾选"保留原目标对象"），得到所需图形［图8-20（5）］。

（10）全部选中步骤（9）的图形，然后移放在图8-19（4）的图形上面，得到所需图形［图8-20（6）］。

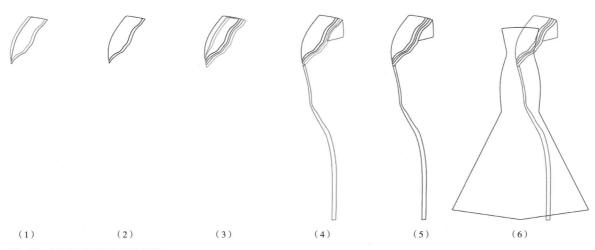

（1）　　　　（2）　　　　（3）　　　　（4）　　　　（5）　　　　（6）

图8-20　收腰鱼尾礼服正面设计步骤二

（11）选择贝塞尔工具绘制出红色和蓝色图形［图8-21（1）］。

（12）填上颜色，执行菜单"对象/顺序/至于此对象之后"命令，把红色和蓝色图形放到合适图层位置，再选择贝塞尔工具绘制出红色和蓝色图形，得到所需图形［图8-21（2）］。

（13）填上颜色，执行菜单"对象/顺序/至于此对象之后"命令，把红色、绿色和蓝色图形放到合适图层位置，得到所需图形［图8-21（3）］。

（14）选择贝塞尔工具绘制出红色图形［图8-22（1）］。

（15）选择"交互式填充工具/渐变填充工具"进行填充，得到所需图形［图8-22（2）］。

（16）利用步骤（15）的渐变填充方法对整个图形进行填充，得到所需图形［图8-22（3）］。

（17）选择贝塞尔工具绘制出蓝色图形，选择阴影工具进行阴影效果绘制，调

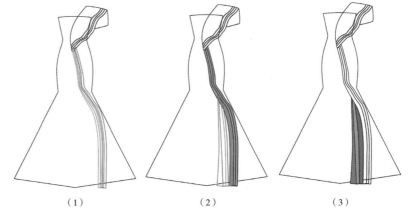

（1）　　　　　（2）　　　　　（3）

图8-21　收腰鱼尾礼服正面设计步骤三

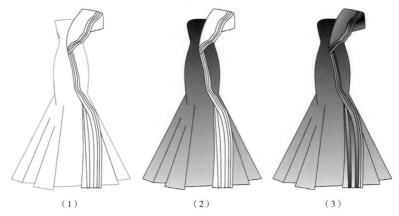

（1）　　　　　（2）　　　　　（3）

图8-22　收腰鱼尾礼服正面设计步骤四

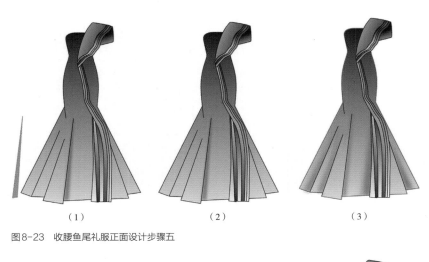

（1）　　　　　　　　（2）　　　　　　　　（3）

图8-23　收腰鱼尾礼服正面设计步骤五

整好阴影的距离位置，阴影的不透明度和羽化根据效果自由设置（本案例中阴影的不透明度是50，阴影的羽化是41），得到所需图形［图8-23（1）］。

（18）对准步骤（17）的蓝色阴影点击右键，选择"拆分墨滴阴影"，对阴影效果进行拆分，然后删除调蓝色图形，得到所需图形［图8-23（2）］。

（19）利用步骤（18）的阴影效果操作方法对整个图形进行处理，得到所需图形［图8-23（3）］。

（20）选择贝塞尔工具随意画出图形［图8-24（1）］。

（21）再继续选择贝塞尔工具绘制，得到所需图形［图8-24（2）］。

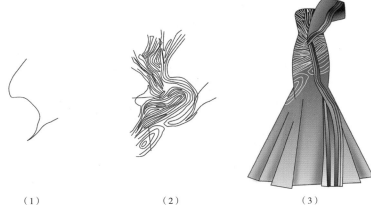

（1）　　　　　　　　（2）　　　　　　　　（3）

图8-24　收腰鱼尾礼服正面设计步骤六

（22）选中步骤（21）的全部线稿，选用图8-23（3）中的红色图形作为对象，执行菜单"对象/PowerClip（图框精确剪裁）/置于图文框内部"，把图8-24（2）的全部线条色彩调整为白色，完成正面设计［图8-24（3）］。

二、收腰鱼尾礼服的背面设计与表现

步骤

（1）复制图8-24（3）的全部图形，得到所需图形［图8-25（1）］。

（2）选中步骤（1）的全部图形做镜像翻转，删除不必要的图形与线条，得到所需图形［图8-25（2）］。

（3）选择用贝塞尔工具绘制出蓝色和绿色图形，得到所需图形［图8-25（3）］。

（4）选择步骤（3）中的绿色图形作为来源对象，蓝色图形作为目标对象，执行"修剪"命令（不勾选"保留原始源对象"和"保留原目标对象"）；再选择步骤（3）中的蓝色图形作为来源对象，绿色图形作为目标对象，执行"修剪"命令（勾选"保留原始源对象"，不勾选"保留原目标对象"），得到所需图形［图8-26（1）］。

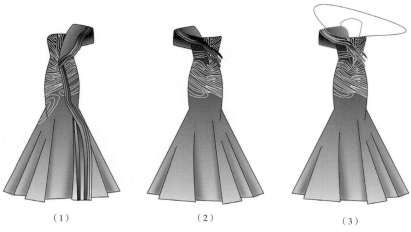

（1）　　　　　　　　（2）　　　　　　　　（3）

图8-25　收腰鱼尾礼服背面设计步骤一

（5）参照前图8-17、图8-18的方法进行绘制，得到所需图形［图8-26（2）］。

（6）选中图8-26（2）的全部线稿，执行菜单"对象/PowerClip（图框精确剪裁）/置于图文框内部"，选用图8-26（1）中的黄色图形作为对象，把图8-26（2）的全部图形放进图8-26（1）中的黄色图形里面；再选择贝塞尔工具绘制出背带，完成背面设计［图8-26（3）］。

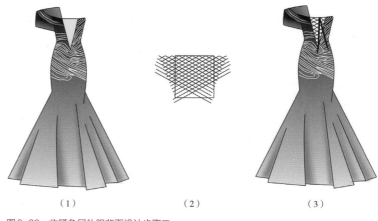

（1）　　　　　　　（2）　　　　　　　（3）

图8-26　收腰鱼尾礼服背面设计步骤二

第四节 | 露背礼服的设计与表现

一、露背礼服的正面设计与表现

步骤

（1）利用矩形工具拖曳绘制出矩形形状，然后转换为曲线［图8-27（1）］。

（2）利用形状工具增加节点，调整得到所需图形［图8-27（2）］。

（3）利用贝塞尔工具绘制出红色、绿色、黄色、蓝色和橙色图形［图8-27（3）］。

（4）填上颜色，执行菜单"对象/顺序/置于此对象前"命令，调整各图形位置，得到所需图形［图8-27（4）］。

（5）执行菜单"对象/顺序/到图层前面"命令，把步骤（4）的黄色图形调整到最前面，得到所需图形［图8-27（5）］。

（6）选择步骤（5）的全部图形，按住Ctrl键做镜像复制，得到所需图形［图8-28（1）］。

（7）选择步骤（6）中的红色图形作为来源对象，绿色图形作为目标对象，执行"焊接"命令（不勾选"保留原始源对象"和"保留原目标对象"），利用相同的方法处理服装的蓝色和橙色图形部分，再删除掉不必要的图形，得到所需图形［图8-28（2）］。

（8）选择贝塞尔工具绘制出红色和蓝色图形［图8-29（1）］。

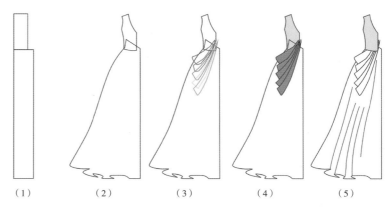

（1）　　　（2）　　　（3）　　　（4）　　　（5）

图8-27　露背礼服正面设计步骤一

（1）　　　　　　　　　　　（2）

图8-28　露背礼服正面设计步骤二

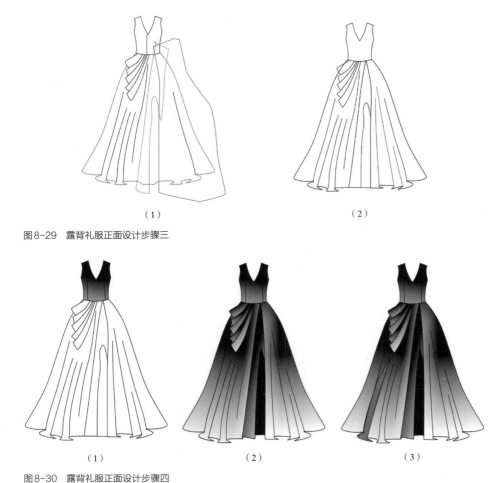

（1）　　　　　　　　　　　　　　　（2）

图8-29　露背礼服正面设计步骤三

（1）　　　　　　　（2）　　　　　　　（3）

图8-30　露背礼服正面设计步骤四

（9）选择步骤（8）中的红色图形作为来源对象，蓝色图形作为目标对象，执行"修剪"命令（勾选"保留原始源对象"，不勾选"保留原目标对象"）；接着再分别选中蓝色图形和红色图形作为来源对象，绿色图形作为目标对象，执行"相交"命令（不勾选"保留原始源对象"，勾选"保留原目标对象"）；再选择贝塞尔工具绘制出红色线条，得到所需图形［图8-29（2）］。

（10）选择"交互式填充工具/渐变填充工具"进行填充，得到所需图形［图8-30（1）］。

（11）利用步骤（10）的渐变填充方法对整个图形进行填充，得到所需图形［图8-30（2）］。

（12）选择贝塞尔工具绘制出红色图形［图8-30（3）］。

（13）选择"透明工具/渐变透明效果"对步骤（12）的红色图形做渐变透明效果处理，得到所需图形［图8-31（1）］。

（14）利用步骤（13）的透明渐变效果操作方法对整个图形进行填充，得到所需图形［图8-31（2）］。

（15）复制前图8-4（2）的全部图形，得到所需图形［图8-31（3）］。

（16）选中步骤（15）的全部线稿，选用步骤（14）中的红色图形作为对象，执行菜单"对象/PowerClip（图框精确剪裁）/置于图文框内部"命令，把步骤（15）的全部线稿放进步骤（14）的红色图形里，完成正面设计（图8-32）。

（1）　　　　　　　　　　　　（2）　　　　　　　　　　　　（3）

图8-31　露背礼服正面设计步骤五

图8-32 露背礼服正面完成效果

二、露背礼服的背面设计与表现

步骤

（1）复制图8-32的全部图形，得到所需图形［图8-33（1）］。

（2）选择步骤（1）的全部图形做镜像翻转，再删除掉不必要的图形与线条，得到所需图形［图8-33（2）］。

（3）选择贝塞尔工具绘制出红色图形和黄色线条，再选择矩形工具绘制出蓝色矩形［图8-33（3）］。

（4）选择步骤（3）中的红色图形作为来源对象，绿色图形作为目标对象，执行"相交"命令（勾选"保留原始源对象"和"保留原目标对象"），得到图形填上颜色；接着再选中蓝色矩形作为来源对象，红色图形作为目标对

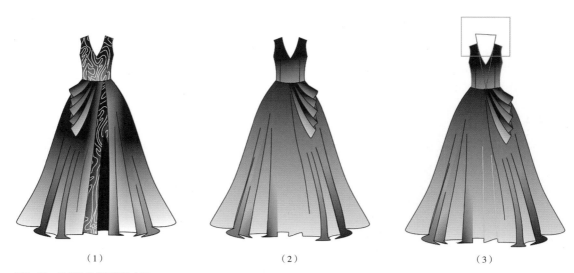

（1）　　　　　　　　　　　　（2）　　　　　　　　　　　　（3）

图8-33 露背礼服背面设计步骤一

象，执行"修剪"命令（不勾选"保留原始源对象"和"保留原目标对象"），得到所需图形［图8-34（1）］。

（5）选用步骤（4）中的红色图形作为对象，执行菜单"对象/PowerClip（图框精确剪裁）/置于图文框内部"命令，把图8-31（3）的全部线稿放进步骤（4）的红色图形里面，完成背面设计［图8-34（2）］。

（1）   （2）

图8-34　露背礼服背面设计步骤二

<table>
<tr><td rowspan="1">小
结</td><td>

在填充色彩时，所绘制的图形必须闭合才能进行内部填充，反之则无法填充［图8-35（1）］。当上层图形填充上颜色后，就会遮挡住下层的图形［图8-35（2）］，而在选择上层图形作为来源对象，执行"对象/造型/修剪"命令（勾选"保留原始源对象"）时得出的结果［图8-35（3）］，与填充颜色后上层图形遮挡住下层图形的效果相同。这

</td><td>

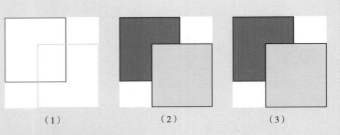

（1）   （2）   （3）

图8-35　不同填充方法的对比

</td></tr>
</table>

时候就要判断是执行"对象/造型/修剪"（勾选"保留原始源对象"）命令方便，还是用填充色彩后的上层图形遮挡住下层图形方便，从中选择最为合适的方法即可。

第九章

亲子装的设计与表现

亲子装一般是在家庭聚会或者家庭集体活动的时候穿着，在设计的时候要注意以家庭为单位，要考虑家长和孩子处于不同年龄阶段的特点，既要满足孩子的心理喜好，也要让家长喜欢。在设计时，服装不要过于个性和另类，而要营造出温暖、和谐以及快乐的氛围。

本章案例的设计灵感源于中国传统的百纳被，利用碎布一块块拼接组合成图案，希望孩子能健康、平安地成长，而不被娇生惯养，色彩方面选择了青色作为主色，传统又不失时尚。

第一节 | 男童镶拼衬衣的设计与表现

一、男童镶拼衬衣的正面设计与表现

步骤

（1）选择贝塞尔工具绘制红色与绿色图形［图9-1（1）］。

（2）填上颜色，再利用贝塞尔工具绘制出虚线，得到所需图形［图9-1（2）］。

（3）选择贝塞尔工具绘制出领子，填上颜色，得到所需图形［图9-1（3）］。

（4）选择椭圆形工具拖曳绘制出纽扣，填上颜色，得到所需图形［图9-1（4）］。

（5）选择贝塞尔工具绘制袖子，得到所需图形［图9-1（5）］。

（6）填上颜色，选择袖子，按右键执行"顺序/到图层后面"命令，得到所需图形［图9-2（1）］。

（7）选择贝塞尔工具绘制出袖口［图9-2（2）］。

（8）执行"窗口/泊坞窗/造形"命令，打开造形面板，选择步骤（7）中的红色图形作为来源对象，黄色图形作为目标对象，执行"相交"命令（勾选"保留原始源对象"，不勾选"保留原目标对象"），绘制出虚线，得到所需图形［图9-2（3）］。

（9）利用贝塞尔工具绘制出红色图形［图9-2（4）］。

（10）填上颜色，选择图形，按右键执行"顺序/到图层后面"命令，得到所需图形［图9-2（5）］。

（11）执行"文件/导入"命令，导入布料图片［图9-3（1）］。

（12）选择布料图片，执行菜单"对象/PowerClip（图框精确剪裁）/置于图文框内部"命令，当鼠标变为箭头形状时单击袖子，布料图片就会填充入袖子内部，得到所需图形［图9-3（2）］。

（13）选择步骤（12）的全部图形，执行"对象/组合"命令，选择矩形工具拖曳绘制出矩形

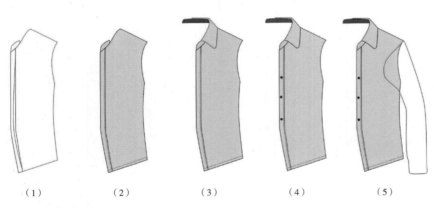

（1）　　　（2）　　　（3）　　　（4）　　　（5）

图9-1　男童镶拼衬衣正面设计步骤一

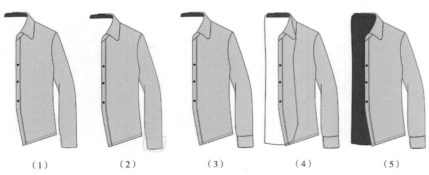

（1）　　　（2）　　　（3）　　　（4）　　　（5）

图9-2　男童镶拼衬衣正面设计步骤二

［图9-3（3）］。

（14）执行"窗口/泊坞窗/造形"命令，打开造形面板，选用步骤（13）中的红色图形作为来源对象，组合后的图形作为目标对象，执行"修剪"命令（不勾选"保留原始源对象"和"保留原目标对象"），得到所需图形［图9-3（4）］。

（15）执行"对象/组合/取消组合"命令，选中步骤（14）的全部图形，按Ctrl键做镜像复制，得到所需图形［图9-4（1）］。

（16）执行"窗口/泊坞窗/造形"命令，打开造形面板，选用步骤（15）中的红色图形作为来源对象，黄色图形作为目标对象，执行"焊接"命令（不勾选"保留原始源对象"和"保留原目标对象"）；利用相同方法，将橙色的图形与紫色的图形焊接，蓝色图形与绿色的图形焊接（不勾选"保留原始源对象"和"保留原目标对象"），得到所需图形［图9-4（2）］。

（17）删除门襟处不必要的图形，得到所需图形［图9-4（3）］。

（18）选择形状工具对门襟处的形状进行调整，得到所需图形［图9-5（1）］。

（19）利用贝塞尔工具画出下层的门襟（红色图形）［图9-5（2）］。

（20）选择图9-3（1）的布料图片，执行菜单"对象/PowerClip（图框精确剪裁）/置于图文框内部"命令，这时候鼠标变为箭头形状，点击步骤（19）中的红色门襟，完成正面设计［图9-5（3）］。

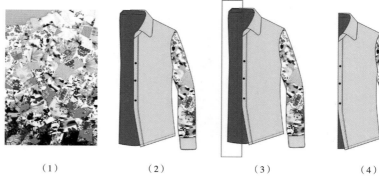

（1）　　　（2）　　　（3）　　　（4）

图9-3　男童镶拼衬衣正面设计步骤三

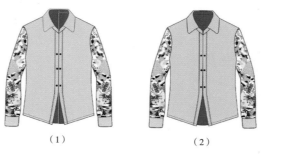

（1）　　　　（2）　　　　（3）

图9-4　男童镶拼衬衣正面设计步骤四

（1）　　　　（2）　　　　（3）

图9-5　男童镶拼衬衣正面设计步骤五

二、男童镶拼衬衣的背面设计与表现

步骤

（1）复制图9-5（3）的全部图形，得到所需图形［图9-6（1）］。

（2）删除掉步骤（1）中不必要的图形与线条，得到所需图形［图9-6（2）］。

（3）选择形状工具对图形进行调整，得到所需图形［图9-6（3）］。

（4）执行"窗口/泊坞窗/造形"命

（1）　　　　（2）　　　　（3）

图9-6　男童镶拼衬衣背面设计步骤一

令，打开造形面板，选用步骤（3）中的黄色图形作为来源对象，蓝色图形和红色图形作为目标对象，执行"焊接"命令（不勾选"保留原始源对象"和"保留原目标对象"），得到所需图形［图9-7（1）］。

（5）选择贝塞尔工具画出红色图形，得到所需图形［图9-7（2）］。

（6）执行"窗口/泊坞窗/造形"命令，打开造形面板，选用步骤（5）中的红色图形作为来源对象，黄色图形作为目标对象，执行"相交"命令（不勾选"保留原始源对象"，勾选"保留原目标对象"），完成背面设计［图9-7（3）］。

（1）　　　　　（2）　　　　　（3）

图9-7　男童镶拼衬衣背面设计步骤二

第二节 | 立领男式衬衣的设计与表现

一、立领男式衬衣的正面设计与表现

步骤

（1）复制第一节"男童镶拼衬衣的设计与表现"步骤（20）的全部图形［图9-5（3）］，得到所需图形［图9-8（1）］。

（2）删除不必要的图形与线条，得到所需图形［图9-8（2）］。

（3）选择贝塞尔工具画出红色的领子［图9-8（3）］。

（4）再选择形状工具进行进行调整，得到所需图形［图9-9（1）］。

（5）填上颜色，完成正面设计［图9-9（2）］。

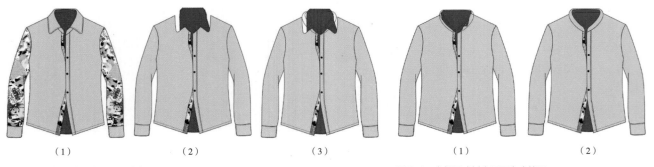

（1）　　　　　（2）　　　　　（3）　　　　　　　　　　（1）　　　　　（2）

图9-8　立领男式衬衣正面设计步骤　　　　　　　　　　图9-9　立领男式衬衣正面完成效果

二、立领男式衬衣的背面设计与表现

步骤

（1）复制图9-9（2）的全部图形，得到所需要图形［图9-10（1）］。

（2）删除步骤（1）中不必要的图形与线条，得到所需图形［图9-10（2）］。

（3）执行"窗口/泊坞窗/造形"命令，打开造形面板，选择步骤（2）中的红色图形作为来源对象，黄色图形作为目标对象，执行"焊接"命令（不勾选"保留原始源对象"和"保留原目标对象"）；用同样方法继续操作，得到所需图形［图9-10（3）］。

（4）选择贝塞尔工具绘制红色图形［图9-11（1）］。

（5）执行"窗口/泊坞窗/造形"命令，打开造形面板，选择步骤（4）中的红色图形作为来源对象，黄色图形作为目标对象，执行"相交"命令（不勾选"保留原始源对象"，勾选"保留原目标对象"），得到所需图形［图9-11（2）］。

（6）用贝塞尔工具绘制线条，得到所需图形［图9-11（3）］。

（1） （2） （3）

图9-10 立领男式衬衣背面设计步骤一

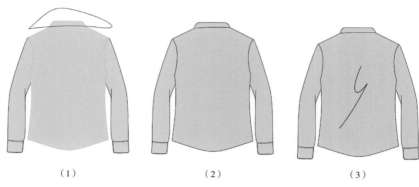

（1） （2） （3）

图9-11 立领男式衬衣背面设计步骤二

第三节 | 女童对襟上衣的设计与表现

一、女童对襟上衣的正面设计与表现

步骤

（1）选择贝塞尔工具绘制红色与绿色图形［图9-12（1）］。

（2）填上颜色，执行"对象/顺序/到图层的后面"，把红色图形放到绿色的后面，得到所需的图形［图9-12（2）］。

（3）选择贝塞尔工具绘制红色图形，填上颜色［图9-12（3）］。

（4）执行"窗口/泊坞窗/造形"命令，打开造形面板，选择步骤（3）中的红色图形作为来源对象，绿色图形作为目标对象，执行"相交"命令（不勾选"保留原始源对象"，勾选"保留原目标对象"），得到所需图形［图9-12（4）］。

（5）选择贝塞尔工具绘制红色线条［图9-12（5）］。

（6）利用贝塞尔工具绘制出图形，填上颜色［图9-12（6）］。

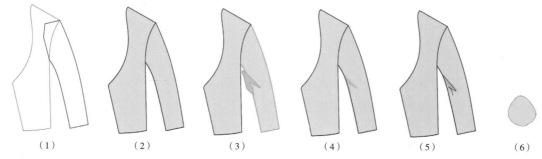

（1） （2） （3） （4） （5） （6）

图9-12 女童对襟上衣正面设计步骤一

（7）执行"窗口/泊坞窗/变换"命令，打开变换面板，选择"旋转"，角度为"72°"，位置选"中下"，副本为"1"，然后多次点击"应用"，得到所需的图形［图9-13（1）］。

（8）利用椭圆形工具绘制出椭圆形，把它放到图9-13（1）的中间，得到所需的图形［图9-13（2）］。

（9）调整步骤（8）中全部图形的大小，将其放到步骤（5）的合适位置中，得到所需的图形［图9-13（3）］。

（10）选择贝塞尔工具绘制出图形，填上颜色，执行"对象/顺序/到图层的后面"命令，调整好顺序，执行"对象/组合"命令，得到所需的图形［图9-13（4）］。

（11）利用矩形工具拖曳绘制出矩形形状［图9-13（5）］。

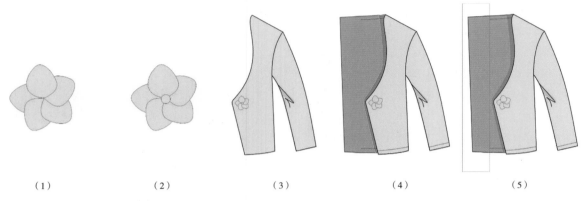

（1）　　　　　　（2）　　　　　　（3）　　　　　　（4）　　　　　　（5）

图9-13　女童对襟上衣正面设计步骤二

（12）执行"窗口/泊坞窗/造形"命令，打开造形面板，选用步骤（11）中的红色图形作为来源对象，全部衣身图形作为目标对象，执行"修剪"命令（不勾选"保留原始源对象"和"保留原目标对象"），得到所需图形［图9-14（1）］。

（13）执行"对象/组合/取消组合"命令，选择步骤（12）的全部图形，按Ctrl键做镜像复制，得到所需图形［图9-14（2）］。

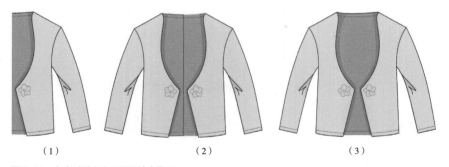

（1）　　　　　　　　（2）　　　　　　　　（3）

图9-14　女童对襟上衣正面设计步骤三

（14）执行"窗口/泊坞窗/造形"命令，打开造形面板，选择步骤（13）中的红色图形作为来源对象，黄色图形作为目标对象，执行"焊接"命令（不勾选"保留原始源对象"和"保留原目标对象"），完成正面设计［图9-14（3）］。

二、女童对襟上衣的背面设计与表现

步骤

（1）复制图9-14（3）的全部图形，得到所需图形［图9-15（1）］。

（2）删除不必要的图形与线条，得到所需图形［图9-15（2）］。

（3）执行"窗口/泊坞窗/造形"命令，打开造形面板，选择步骤（2）中的黄色图形作为来源对象，红色图形和紫色图形作为目标对象，执行"焊接"命令（不勾选"保留原始源对象"和"保留原目标对象"），得到所需图形

[图9-15（3）]。

（4）选择形状工具进行调整，完成背面设计（图9-16）。

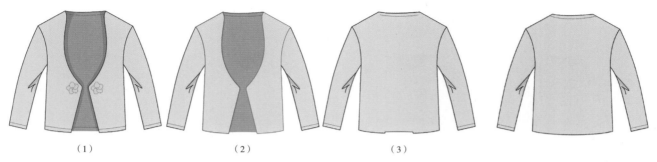

（1）　　　　　　　　　（2）　　　　　　　　　（3）

图9-15　女童对襟上衣背面设计步骤　　　　　　　　　　　　　　　　　图9-16　女童对襟上衣背面完成效果

第四节 | 女式系带上衣的设计与表现

一、女式系带上衣的正面设计与表现

步骤

（1）利用贝塞尔工具绘制红色、绿色和黄色图形 [图9-17（1）]。

（2）填上颜色，得到所需图形 [图9-17（2）]。

（3）利用矩形工具拖曳绘制出矩形形状 [图9-17（3）]。

（4）执行"窗口/泊坞窗/造形"命令，打开造形面板，选择步骤（3）中的红色图形作为来源对象，组合的步骤（2）全部图形作为目标对象，执行"修剪"命令（不勾选"保留原始源对象"和"保留原目标对象"），得到所需图形 [图9-17（4）]。

（5）利用贝塞尔工具绘制红色线条 [图9-17（5）]。

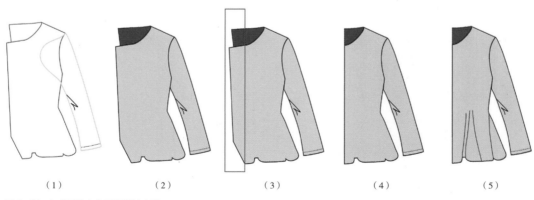

（1）　　　　　（2）　　　　　（3）　　　　　（4）　　　　　（5）

图9-17　女式系带上衣正面设计步骤一

（6）选择步骤（5）的全部图形，按Ctrl键做镜像复制，得到所需图形 [图9-18（1）]。

（7）执行"窗口/泊坞窗/造形"命令，打开造形面板，选择步骤（6）的红色图形作为来源对象，黄色图形作为目标对象，执行"焊接"命令（不勾选"保留原始源对象"和"保留原目标对象"）；选择步骤（6）的蓝色图形作为来源对象，绿色图形作为目标对象，执行"焊接"命令（不勾选"保留原始源对象"和"保留原目标对象"），得到所需图形 [图9-18（2）]。

（8）利用贝塞尔工具绘制腰带，填上颜色，得到所需图形 [图9-18（3）]。

（9）利用矩形工具拖曳绘制出矩形，再转换为曲线进行调整，完成正面设计 [图9-18（4）]。

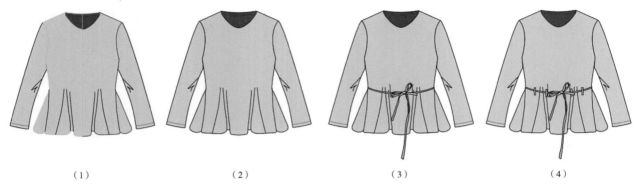

（1）　　　　　　　　（2）　　　　　　　　（3）　　　　　　　　（4）

图9-18　女式系带上衣正面设计步骤二

二、女式系带上衣的背面设计与表现

步骤

（1）复制图9-18（4）的全部图形，得到所需图形 [图9-19（1）]。

（2）执行"窗口 / 泊坞窗 / 造形"命令，打开造形面板，选择步骤（1）的黄色图形作为来源对象，红色图形作为目标对象，执行"焊接"命令（不勾选"保留原始源对象"和"保留原目标对象"），得到所需图形 [图9-19（2）]。

（3）利用形状工具调整领子，完成背面设计 [图9-19（3）]。

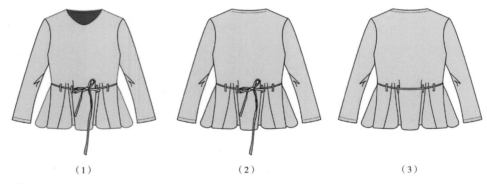

（1）　　　　　　　　　（2）　　　　　　　　　（3）

图9-19　女式系带上衣背面设计步骤

第五节 | 女童马甲的设计与表现

一、女童马甲的正面设计与表现

步骤

（1）利用矩形工具拖曳绘制出矩形，然后转换为曲线 [图9-20（1）]。

（2）利用形状工具进行调整，得到所需图形 [图9-20（2）]。

（3）利用贝塞尔工具进行绘制，填上颜色，执行"对象 / 顺序"命令，调整图形的顺序，得到所需图形

[图9-20（3）]。

（4）执行"文件/导入"命令，导入布料图片［图9-20（4）]。

（5）选择布料图片，执行菜单"对象/PowerClip（图框精确剪裁）/置于图文框内部"命令，当鼠标变为箭头形状时单击步骤（3）的红色图形，得到所需图形［图9-20（5）]。

（6）选择步骤（5）的全部图形，执行"排列/组合"命令，选择矩形工具拖曳绘制出矩形［图9-21（1）]。

（7）执行"窗口/泊坞窗/造形"命令，打开造形面板，选择步骤（6）中红色矩形作为来源对象，步骤（5）组合的全部图形作为目标对象，执行"修剪"命令（不勾选"保留原始源对象"和"保留原目标对象"），得到所需图形［图9-21（2）]。

（8）执行"对象/组合/取消组合"命令，选择步骤（7）中的全部图形，按Ctrl键做镜像复制，得到所需图形［图9-21（3）]。

（9）执行"窗口/泊坞窗/造形"命令，打开造形面板，选用步骤（8）中的红色图形作为来源对象，黄色图形作为目标对象，执行"焊接"命令（不勾选"保留原始源对象"和"保留原目标对象"），完成正面设计［图9-21（4）]。

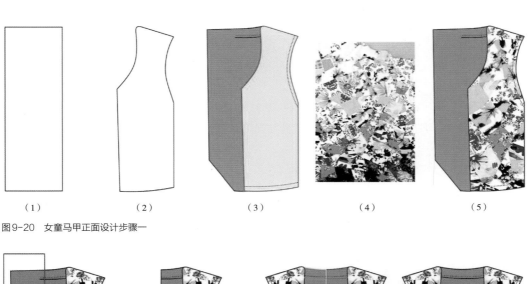

（1）　　　　　（2）　　　　　（3）　　　　　（4）　　　　　（5）

图9-20　女童马甲正面设计步骤一

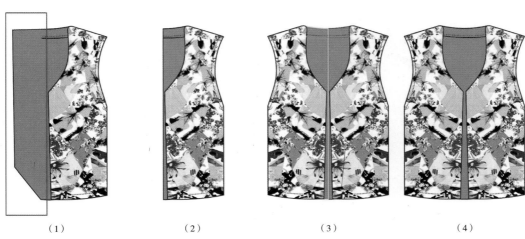

（1）　　　　　（2）　　　　　（3）　　　　　（4）

图9-21　女童马甲正面设计步骤二

二、女童马甲的背面设计与表现

步骤

（1）复制图9-21（4）的全部图形，得到所需图形［图9-22（1）]。

　　（1）　　　　　　　　　（2）　　　　　　　　　（3）

图9-22　女童马甲背面设计步骤

　　（2）执行"窗口/泊坞窗/造形"命令，打开造形面板，选择步骤（1）中的黄色图形作为来源对象，红色图形和蓝色图形作为目标对象，执行"焊接"命令（不勾选"保留原始源对象"和"保留原目标对象"），得到所需图形［图9-22（2）］。

　　（3）选择形状工具调整领子，完成背面设计［图9-22（3）］。

第六节　｜　女童高腰连衣裙的设计与表现

一、女童高腰连衣裙的正面设计与表现

步骤

　　（1）利用矩形工具拖曳绘制出矩形形状，然后转换为曲线［图9-23（1）］。

　　（2）利用形状工具进行调整，然后利用贝塞尔工具绘制红色图形，填上颜色，全选图形，执行"对象/组合"命令［图9-23（2）］。

　　（3）利用矩形工具拖曳绘制出矩形形状［图9-23（3）］。

　　（4）执行"窗口/泊坞窗/造形"命令，打开造形面板，选用步骤（3）的红色图形作为来源对象，组合的全部图形作为目标对象，执行"修剪"命令（不勾选"保留原始源对象"和"保留原目标对象"），得到所需图形［图9-23（4）］。

　　（5）执行"对象/组合/取消组合"命令，全选步骤（4）的图形，按Ctrl键做镜像复制，得到所需图形［图9-23（5）］。

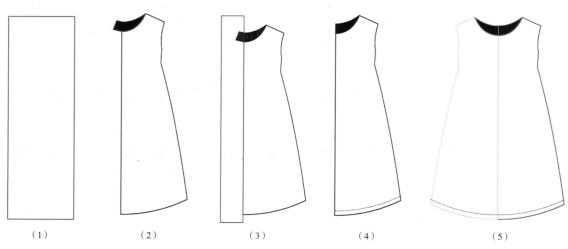

　　（1）　　　　　（2）　　　　　（3）　　　　　（4）　　　　　（5）

图9-23　女童高腰连衣裙正面设计步骤一

　　（6）执行"窗口/泊坞窗/造形"命令，打开造形面板，选择步骤（5）的红色图形作为来源对象，黄色图形作为目标对象，执行"焊接"命令（不勾选"保留原始源对象"和"保留原目标对象"），利用同样的方法进行操作，得到所需图形［图9-24（1）］。

（7）选择贝塞尔工具绘制红色线条［图9-24（2）］。

（8）执行"文件/导入"命令，导入布料图片［图9-24（3）］。

（9）选择布料图片，执行菜单"对象/PowerClip（图框精确剪裁）/置于图文框内部"命令，当鼠标变为箭头形状时单击步骤（7）的绿色图形，完成正面设计［图9-24（4）］。

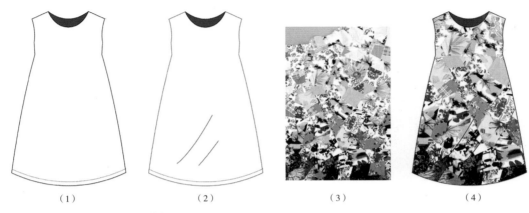

（1）　　　　　　（2）　　　　　　（3）　　　　　　（4）

图9-24　女童高腰连衣裙正面设计步骤二

二、女童高腰连衣裙的背面设计与表现

步骤

（1）复制图9-24（4）的全部图形，得到所需图形［图9-25（1）］。

（2）删除不必要的图形，得到所需图形［图9-25（2）］。

（3）选择形状工具进行调整，并利用贝塞尔工具绘制曲线，调整为虚线，完成背面设计［图9-25（3）］。

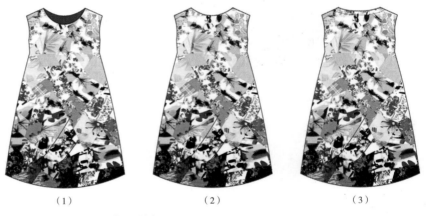

（1）　　　　　　　（2）　　　　　　　（3）

图9-25　女童高腰连衣裙背面设计步骤

第七节 | 男童背带裤的设计与表现

一、男童背带裤的正面设计与表现

步骤

（1）选择贝塞尔工具绘制红色与绿色图形［图9-26（1）］。

（2）填上颜色，得到所需图形［图9-26（2）］。

（3）选择贝塞尔工具绘制出红色图形［图9-26（3）］。

（4）执行"窗口/泊坞窗/造形"命令，打开造形面板，选用步骤（3）中的红色图形作为来源对象，绿色图形作为目标对象，执行"相交"命令（不勾选"保留原始源对象"，勾选"保留原目标对象"），得到所需图形［图9-26（4）］。

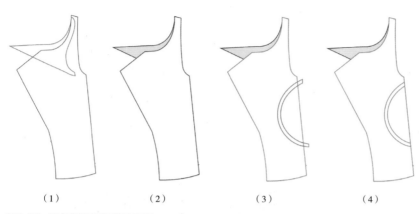

（1）　　　　（2）　　　　（3）　　　　（4）

图9-26　男童背带裤正面设计步骤一

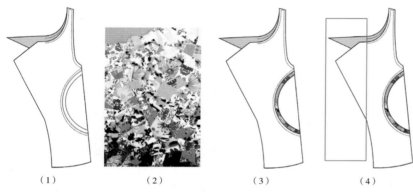

（1）　　　　（2）　　　　（3）　　　　（4）

图9-27　男童背带裤正面设计步骤二

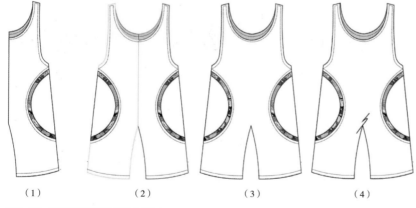

（1）　　　　（2）　　　　（3）　　　　（4）

图9-28　男童背带裤正面设计步骤三

（5）选择贝塞尔工具绘制虚线［图9-27（1）］。

（6）执行"文件/导入"命令，导入布料图片［图9-27（2）］。

（7）选择布料图片，执行菜单"对象/PowerClip（图框精确剪裁）/置于图文框内部"命令，当鼠标变为箭头形状时单击步骤（5）中的红色图形，得到所需图形［图9-27（3）］。

（8）选择步骤（7）的全部图形，执行"对象/组合"命令，利用矩形工具拖曳绘制出矩形，得到所需图形［图9-27（4）］。

（9）执行"窗口/泊坞窗/造形"命令，打开造形面板，选用步骤（8）中的红色图形作为来源对象，步骤（7）的全部图形作为目标对象，执行"修剪"命令（不勾选"保留原始源对象"和"保留原目标对象"），得到所需图形［图9-28（1）］。

（10）选中步骤（9）的全部图形，按Ctrl键做镜像复制，得到所需图形［图9-28（2）］。

（11）执行"窗口/泊坞窗/造形"命令，打开造形面板，选用步骤（10）中的红色图形作为来源对象，黄色图形作为目标对象，执行"焊接"命令（不勾选"保留原始源对象"和"保留原目标对象"），利用相同的方法处理服装的其他部分，得到所需图形［图9-28（3）］。

（12）选择贝塞尔工具进行绘制，完成正面设计［图9-28（4）］。

二、男童背带裤的背面设计与表现

步骤

（1）复制图9-28（4）的全部图形，得到所需图形［图9-29（1）］。

（2）执行"窗口/泊坞窗/造形"命令，打开造形面板，选用步骤（1）中的红色图形作为来源对象，绿色图形作为目标对象，执行"焊接"命令（不勾选"保留原始源对象"和"保留原目标对象"），得到所需图形[图9-29（2）]。

（3）选择形状工具对步骤（2）的红色虚线进行调整，得到所需图形，完成背面设计[图9-29（3）]。

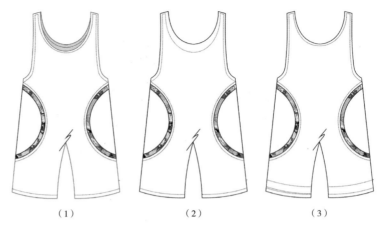

（1）　　　　（2）　　　　（3）

图9-29　男童背带裤的背面设计步骤

第八节 | 男式五分裤的设计与表现

一、男式五分裤的正面设计与表现

步骤

（1）选择贝塞尔工具绘制红色与绿色图形[图9-30（1）]。

（2）执行"窗口/泊坞窗/造形"命令，打开造形面板，选用步骤（1）中的红色图形作为来源对象，绿色图形作为目标对象，执行"相交"命令（不勾选"保留原始源对象"，勾选"保留原目标对象"），得到所需图形[图9-30（2）]。

（3）选择贝塞尔工具绘制红色图形，填上颜色[图9-30（3）]。

（4）选择贝塞尔工具绘制虚线[图9-30（4）]。

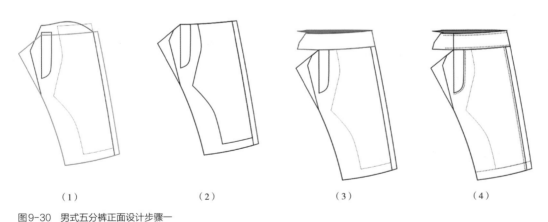

（1）　　　　（2）　　　　（3）　　　　（4）

图9-30　男式五分裤正面设计步骤一

（5）选择步骤（4）的全部图形，执行"对象/组合"命令，选择矩形工具拖曳绘制出矩形，得到所需图形[图9-31（1）]。

（6）执行"窗口/泊坞窗/造形"命令，打开造形面板，选择步骤（5）中红色的图形作为来源对象，全部图形作为目标对象，执行"修剪"命令（不勾选"保留原始源对象"和"保留原目标对象"），得到所需图形[图9-31（2）]。

（7）执行"对象/组合"命令，然后执行"文件/导入"命令，导入布料图片[图9-31（3）]。

（1）　　　　　　（2）　　　　　　（3）　　　　　　（4）

图9-31　男式五分裤正面设计步骤二

（8）选择布料图片，执行菜单"对象/PowerClip（图框精确剪裁）/置于图文框内部"，当鼠标变为箭头形状时单击步骤（6）中的红色图形，得到所需图形［图9-31（4）］。

（9）全选步骤（8）中的全部图形，按Ctrl键做镜像复制，得到所需图形［图9-32（1）］。

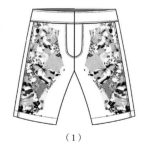 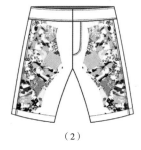 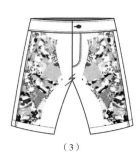

（1）　　　　　　　　　（2）　　　　　　　　　（3）

图9-32　男式五分裤正面设计步骤三

（10）删除不必要的图形，然后选择步骤（9）的红色图形作为来源对象，黄色图形作为目标对象，执行"焊接"命令（不勾选"保留原始源对象"和"保留原目标对象"），得到所需图形［图9-32（2）］。

（11）利用矩形工具和椭圆形工具绘制出纽扣，完成正面设计［图9-32（3）］。

二、男式五分裤的背面设计与表现

步骤

（1）复制图9-32（3）的全部图形，得到所需图形［图9-33（1）］。

（2）删除不必要的图形与线条，得到所需图形［图9-33（2）］。

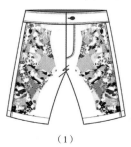 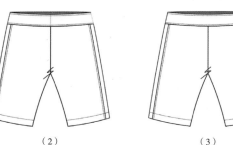

（1）　　　　　　　　　（2）　　　　　　　　　（3）

图9-33　男式五分裤背面设计步骤

（3）执行"窗口/泊坞窗/造形"命令，打开造形面板，选择步骤（2）中的黄色图形作为来源对象，红色图形作为目标对象，执行"焊接"命令（不勾选"保留原始源对象"和"保留原目标对象"），完成背面设计［图9-33（3）］。

小结　　"PowerClip（图框精确剪裁）/置于图文框内部"功能（图9-34）和造型中的"相交"功能（图9-35）在效果上有相同之处，但各自的特点也相当明显。有时候"图框精确剪裁"功能应用起来方便，有时候则必须使用"相交"功能，要根据具体情况选择需要的功能来进行操作。

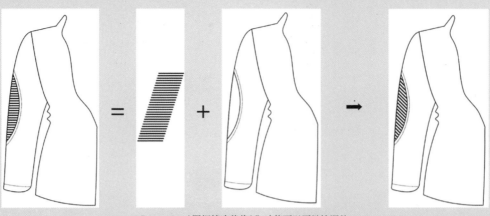

"PowerClip（图框精确剪裁）"功能可以再继续调整

图9-34 "图框精确剪裁"功能拆分

小结

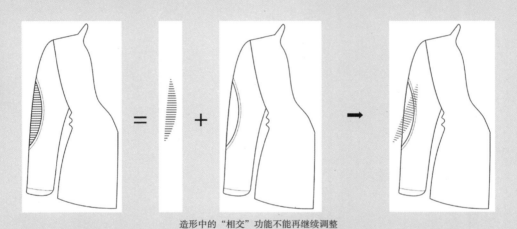

造形中的"相交"功能不能再继续调整

图9-35 "相交"功能拆分

　　在将图形或素材填充到特定图形内部时，选择"相交"功能或者"图框精确剪裁"功能都可以，如果需要对填充后的图形再进行修改的话，最好选择"图框精确剪裁"功能。而在界定图形的外轮廓时（图9-36），选择"相交"功能比较好。

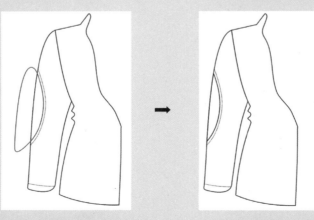

图9-36 对图形外轮廓的界定

参考文献

［1］Corel 公司北京代表处. CorelDRAW 服装设计标准教程［M］. 北京：人民邮电出版社，2008.

［2］吴训信，石淑芹. 服装设计表现：CorelDRAW 表现技法［M］. 北京：中国青年出版社，2015.

［3］李际. CorelDRAW 服装款式设计［M］. 北京：中国铁道出版社，2015.

［4］徐丽. 名流——CorelDRAW 服装款式设计完全剖析［M］. 北京：清华大学出版社，2017.